0.4kV配电网不停电作业
试题库

国家电网有限公司设备管理部 编

中国电力出版社
CHINA ELECTRIC POWER PRESS

内 容 提 要

0.4kV 配电网不停电作业对作业人员的技能水平要求高，风险控制要求严，迫切需要加强作业人员培训力度和加快培养高技能人才，掌握 0.4kV 配电网不停电作业专业知识也是高技能人才的基本要求。为提升现场作业人员专业知识水平，及时学习配电网不停电作业新技术、新方法，正确使用新工具，保证作业现场安全规范，国家电网有限公司设备管理部依据相关国家标准、行业标准及国家电网有限公司企业标准和规章制度，结合《0.4kV 配电网不停电作业培训教材》组织编写了《0.4kV 配电网不停电作业试题库》（简称《题库》）。

本《题库》包括单项选择题、多项选择题、判断题、简答题、识绘图题、计算题和案例分析题共 7 种题型，其中单项选择题、多项选择题、判断题以客观题形式给出，简答题、识绘图题、计算题和案例分析题以主观题形式给出。试题内容涉及 0.4kV 配电网线路和设备基础知识，0.4kV 配电网不停电作业基本原理、工具装备、作业方法，配电网安全工作规程等多个方面。

可作为 0.4kV 配电网不停电作业专业知识培训、职业技能鉴定和劳动技能竞赛参考用书。

图书在版编目（CIP）数据

0.4kV 配电网不停电作业试题库/国家电网有限公司设备管理部编. —北京：中国电力出版社，2022.4

ISBN 978-7-5198-5772-1

Ⅰ．①0⋯　Ⅱ．①国⋯　Ⅲ．①配电系统–带电作业–习题集　Ⅳ．①TM727-44

中国版本图书馆 CIP 数据核字（2021）第 130621 号

出版发行：中国电力出版社
地　　址：北京市东城区北京站西街 19 号（邮政编码 100005）
网　　址：http://www.cepp.sgcc.com.cn
责任编辑：邓慧都
责任校对：黄　蓓　王海南
装帧设计：张俊霞
责任印制：石　雷

印　　刷：三河市万龙印装有限公司
版　　次：2022 年 4 月第一版
印　　次：2022 年 4 月北京第一次印刷
开　　本：710 毫米×1000 毫米　16 开本
印　　张：7.25
字　　数：119 千字
定　　价：52.00 元

编委会

前　言

　　随着配电网改造工程进程加速，0.4kV 配电网检修工作量逐步增大，开展 0.4kV 配电网不停电作业有利于缓解配电网检修给电力用户带来的用电影响，可有效提高用户供电可靠性和电力服务质量，保障系统安全、稳定运行。2018 年 4 月，国家电网有限公司运维检修部组织召开 0.4kV 配电网不停电作业试点工作启动会，对 0.4kV 配电网不停电作业试点项目进行了讨论，以实现 0.4kV 配电网不停电作业安全开展，持续提高配电网供电可靠性为目标，将中压配电网不停电作业方法拓展至低压配电网，并结合低压线路特点完善工具装备，建立标准规范，开展现场试点，解决低压线路检修影响服务质量问题，拓展不停电作业适用电压等级，为 0.4kV 配电网不停电作业推广提供先行试点经验。2018 年 12 月，国家电网有限公司设备管理部组织召开 0.4kV 配电网不停电作业试点工作总结交流会，在试点工作的基础上总结交流了作业方法和作业工具，从安全实用角度凝炼了四类 19 项 0.4kV 配电网不停电作业推广项目，确定了推广 0.4kV 配电网不停电作业原则和推广项目开发细则。2020 年，国家电网有限公司设备管理部出版了《0.4kV 配电网不停电作业培训教材》丛书，同时，组织开展 0.4kV 配电网不停电作业培训与应用，开创了配电网不停电作业的新局面。

　　0.4kV 配电网不停电作业对作业人员的技能水平要求高，风险控制要求严，迫切需要加强作业人员培训力度和加快培养高技能人才，掌握 0.4kV 配电网不停电作业专业知识也是高技能人才的基本要求。为提升现场作业人员专业知识水平，及时学习配电网不停电作业新技术、新方法，正确使用新工具，保证作业现场安全规范，国家电网有限公司设备管理部依据相关国家标准、行业标准及国家电网有限公司企业标准和规章制度，结合《0.4kV 配电网不停电作业培训教材》组织编写了《0.4kV 配电网不停电作业试题库》（简称《题库》）。《题库》

包括单项选择题、多项选择题、判断题、简答题、识绘图题、计算题和案例分析题共 7 种题型,其中单项选择题、多项选择题、判断题以客观题形式给出,简单题、识绘图题、计算题和案例分析题以主观题形式给出。

本《题库》由国家电网有限公司设备管理部统一组织,中国电力科学研究院有限公司和国网山东、浙江、江苏、河南、湖北、辽宁、上海、天津、陕西、黑龙江、江西、河北、福建、四川、湖南电力等公司共同参与完成。在编审过程中,得到国家电网有限公司人力资源部、国网技术学院的大力支持,在此表示衷心的感谢!

由于编写时间仓促,编者水平有限,书中难免存在不足或疏漏之处,恳请广大读者批评指正。

编　者

2021 年 7 月

目　　录

一、单项选择题

1. 在进行不停电作业前，（A）或工作负责人应组织现场勘察并填写现场勘察记录。根据勘察结果判断是否进行作业，并确定作业方法、所需工具，以及应采取的措施。

A. 工作票签发人   B. 工作班成员

C. 班长   D. 到场干部

2. 当带电断开线路时，应先断（C）后断零线，接通时则应先接零线后接相线。

A. 导线   B. 线路   C. 相线   D. 中性线

3. 在带电区域内工作，（B）、静电感应和电场等对人体的伤害，将直接危及作业人员的生命安全。

A. 电压   B. 电流   C. 电阻   D. 电容

4. 10kV 线路采用 A、B、C 三相三线制供电，0.4kV 采用 A、B、C、（C）三相四线制供电为主，多了一根中性线。

A. D   B. I   C. N   D. T

5. 在带电作业区域内工作，电对作业人员的作用主要表现为：（B）、静电感应和电场的危害等。

A. 电压   B. 电流   C. 电阻   D. 电容

6. 沿面放电是指沿着固体介质表面所进行的（B）放电。

A. 固体   B. 气体   C. 阻力   D. 压力

7. 带电作业时，人体体表局部场强不应超过（D）kV/m。

A. 200   B. 210   C. 230   D. 240

8. 作业人员应正确穿戴个人绝缘防护用具，用绝缘操作杆按照（B）的遮蔽原则对作业范围内不能满足安全距离的带电体和接地体设置绝缘遮蔽措施。

A. 从远到近、从下到上　　　　　B. 从近到远、从下到上

C. 从远到近、从上到下　　　　　D. 从近到远、从上到下

9. 电弧光的能量主要集中在 300~400nm 的紫外光波段和（C）nm 的可见光波段，可能对人体皮肤和眼睛造成伤害。

A. 500~700　　　B. 400~800　　　C. 400~700　　　D. 500~800

10. 电弧光加热使空气产生的巨大压力可以折断配电板上（B）mm 直径的螺栓。电弧火灾在没有灭弧保护的情况下，通常可以直接熔毁开关柜或一整套机组，使其无法修复。

A. 5　　　　　B. 10　　　　　C. 15　　　　　D. 20

11. 在带电作业中，对电流的防护主要是严格限制流经人体的稳态电流不超过人体的感知水平 1mA（1000μA）、暂态电击不超过人体的感知水平（A）mJ。

A. 0.1　　　　　B. 0.2　　　　　C. 0.3　　　　　D. 0.4

12. 高温对空气加热膨胀，铜排气化时，体积膨胀可达（C）倍，使低压柜内压力急骤上升，所产生的爆破压可造成开关柜盘体变形甚至破碎。

A. 65 000　　　B. 66 000　　　C. 67 000　　　D. 68 000

13. 配电网检修作业方式从（A）向包括"带电作业、旁路作业和临时取电作业"在内的不停电作业方式的转变。

A. "以停电作业为主、带电作业为辅"

B. "不停电作业、旁路作业和临时取电作业"

C. "以停电作业为主、临时取电作业为辅"

D. "以带电作业为主、旁路作业为辅"

14. 配电网不停电作业的提出，对于提升供电可靠性和优质服务水平具有更好的（A）作用。

A. 导向　　　　　B. 提升　　　　　C. 制动　　　　　D. 优化

15. 通常所说的低压配电网即指（D）配电网，供应大部分的民用电与低压用户。

A. 30kV　　　　　B. 20kV　　　　　C. 10kV　　　　　D. 0.4kV

16. 绝缘手套可以采用更加轻便的（A）带电作业用绝缘手套；验电器选用 0.4kV 级。

A. 00 级　　　　　B. 01 级　　　　　C. 02 级　　　　　D. 03 级

17. 气体这种电介质出绝缘状态突变为良导电状态的过程，称为（C）。

    A. 介质击穿　　　　B. 突变击穿　　　　C. 空气击穿　　　　D. 绝缘击穿

18. 发生击穿的最低临界电压称为（C）。

    A. 闪络电压　　　　B. 绝缘电压　　　　C. 击穿电压　　　　D. 泄漏电压

19. 发生击穿的最低临界电压称为击穿电压。均匀电场中击穿电压与间隙距离之比称为击穿场强，它不能反映（C）耐受电场作用的能力。

    A. 气体　　　　　　B. 固体　　　　　　C. 液体　　　　　　D. 绝缘介质

20. 接地线拆除后，（B）不得再登杆工作或在设备上工作。

    A. 工作班成员　　　B. 任何人　　　　　C. 运行人员　　　　D. 作业人员

21. 低压电气带电作业使用的工具应有（A）。

    A. 绝缘柄　　　　　B. 木柄　　　　　　C. 塑料柄　　　　　D. 金属外壳

22. 在带电作业中，对电流的防护主要是严格限制流经人体的稳态电流不超过人体的感知水平（B）。

    A. 0.1mA　　　　　B. 1mA　　　　　　C. 10mA　　　　　　D. 100mA

23. 带电作业中人体触电的方式主要有（C）等。

    A. 三相接地和单相接地　　　　　　B. 两相接地和单相接地

    C. 单相接地和相间短路　　　　　　D. 相间短路和三相接地

24. 人体的不同部位同时接触了有电位差的带电体时，而产生的电流，包括（A）的伤害。

    A. 阻性电流和容性电流　　　　　　B. 阻性电流和感性电流

    C. 感性电流和容性电流　　　　　　D. 阻性电压和容性电流

25. 绝缘材料在内、外因素影响下，也会使通道流过一定的电流，习惯上把这种电流称之为（B）。

    A. 闪络电流　　　　B. 泄漏电流　　　　C. 绝缘电流　　　　D. 容性电流

26. 泄漏电流超标会对人体造成比较严重的伤害，尤其是经绝缘体表面通过的（C）超标。

    A. 泄漏电流　　　　B. 层向电流　　　　C. 沿面电流　　　　D. 层面电流

27. 电弧故障还可能波及站用系统，从而形成（A）故障，造成巨大的直接和间接经济损失。

    A. 系统性　　　　　B. 程序性　　　　　C. 设备性　　　　　D. 灵敏性

3

28. 在（D）的作用下，沿绝缘工具表面闪络放电或空气间隙击穿放电，也是造成人体弧光触电伤害的一条途径。

    A. 强电流　　　　B. 强电压　　　　C. 强电阻　　　　D. 强电场

29. 采用登杆工具（脚扣）进行绝缘杆作业法作业时，杆上作业人员与带电体的关系是（A）。

    A. 带电体→绝缘杆→作业人员→大地

    B. 绝缘杆→作业人员→大地→带电体

    C. 作业人员→大地→带电体→绝缘杆

    D. 大地→作业人员→绝缘杆→带电体

30. 在相与相之间，空气间隙为主绝缘，由带电体→空气间隙→人体→大地（杆塔），构成（B）回路。

    A. 电感电流　　　B. 电容电流　　　C. 阻性电流　　　D. 泄漏电流

31. 当采用登杆工具（脚扣）进行绝缘杆作业法作业时，作业人员远离带电体，中间依靠绝缘工具作为主绝缘，带电的导线才不至于通过击穿空气间隙对（D）。

    A. 设备放电　　　B. 绝缘毯放电　　C. 接地体放电　　D. 人体放电

32. 绝缘杆作业法是通过绝缘工具来间接完成其预定的工作目标，基本的操作有（D）等，它们的配合使用是其主要的作业手段。

    A. 拉、紧、吊　　　　　　　　　B. 支、拉

    C. 支、拉、紧　　　　　　　　　D. 支、拉、紧、吊

33. 0.4kV 绝缘手套层间绝缘强度远大于系统过电压，可以视为（C），但必须至少有绝缘鞋构成双重防护。

    A. 中间绝缘　　　B. 层向绝缘　　　C. 主绝缘　　　　D. 辅助绝缘

34. 0.4kV 低压综合抢修车的操作斗应为（D），才能对人体构成双重防护。

    A. 木质斗　　　　B. 金属斗　　　　C. 塑料斗　　　　D. 绝缘斗

35. 电容器柜内工作，应断开电容器的电源、（A）后，方可工作。

    A. 逐相充分放电　B. 充分放电　　　C. 隔离开关拉开　D. 接地

36. 低压带电作业监护人的监护范围不得超过（C）作业点。

    A. 相邻两个　　　B. 一定范围内　　C. 一个　　　　　D. 两个

37. 安全工器具使用前，应检查确认（A）部分无裂纹、无老化、无绝缘层脱落、无严重伤痕等现象。

A. 绝缘　　　　B. 传动　　　　C. 固定　　　　D. 外壳

38. 按配电网电压等级分类方法，0.4kV 配电网属于（A）配电网。

A. 低压　　　　B. 中压　　　　C. 高压　　　　D. 超高压

39. 作业人员与周围不同电位建立隔离保护，并使用绝缘手套直接接触带电体进行的作业方法是（B）。

A. 绝缘杆作业法　　　　　　　　B. 绝缘手套作业法

C. 绝缘斗臂车作业法　　　　　　D. 绝缘平台作业法

40. "旁路作业检修架空线路以及不停电更换柱上变压器"等，是一项提高配电网供电可靠性的带电作业项目，旁路系统主要包括旁路（C）、快速连接电缆接头和旁路负荷开关等。

A. 硬性电缆　　B. 软性电缆　　C. 柔性电缆　　D. 刚性电缆

41. 在现场构建一条临时旁路电缆供电系统，跨接故障或待检修线路段，通过旁路负荷开关，将用电负荷转移到临时旁路供电线路向用户不间断供电，以及通过（A）接头同时向用户支线供电。

A. T 形　　　　B. U 形　　　　C. W 形　　　　D. I 形

42. 低压带电作业绝缘工具在每次现场使用前均应（B）。

A. 可直接使用　　　　　　　　　B. 做外观检查

C. 做外观检查，进行工频耐压试验　　D. 做外观检查，进行绝缘电阻测试

43. 与单一均匀材料的击穿不同，击穿往往是从耐电强度低的气体开始，表现为（C），然后或快或慢地随时间发展，固体介质劣化损伤逐步扩大，致使介质击穿。

A. 全面放电　　B. 层向放电　　C. 局部放电　　D. 击穿放电

44. 沿面放电是一种气体放电现象，沿面（A）比气体或固体单独存在时的击穿电压都低。

A. 闪络电压　　B. 泄漏电压　　C. 泄漏电流　　D. 绝缘电阻

45. 0.4kV 配电线路在引入大型建筑物处，如距接地点超过（D）m，应将中性线重复接地。

A. 300　　　　　B. 200　　　　　C. 100　　　　　D. 50

46. 0.4kV 配电线路靠近电杆两侧导线间水平距离应不小于（C）m。

A. 1.2　　　　　B. 1.0　　　　　C. 0.5　　　　　D. 0.3

47. 低压供用电系统中为了缩小发生人体电击事故和接地故障切断电源时

引起的停电范围,剩余电流保护装置应采用分级保护,分级保护应以(D)为基础。

A. 电源端保护　　　　　　　　B. 分支线首段保护

C. 总保护　　　　　　　　　　D. 末端保护

48. 低压配电系统其电压等级一般为(D)。

A. 10kV　　　　B. 6kV　　　　C. 3kV　　　　D. 380V

49. 根据低压用电对供电可靠性的要求,以下属于二级负荷的是(D)。

A. 银行防盗信号电源　　　　　B. 省政府办公楼

C. 高校重要实验室电源　　　　D. 高校教学楼照明通道

50. 下列低压配电系统中宜采用树干式连接的是(C)。

A. 容量大、负荷集中或重要的用电设备

B. 需要集中联锁启动或停止的用电设备

C. 用电设备负荷不大,且布置比较均匀的用电设备

D. 有腐蚀介质或爆炸危险场所的用电设备

51. 以下属于保护线 PE 的功能的选项是(D)。

A. 用于需要 220V 相电压的单相设备

B. 用于传导三相系统的不平衡电流和单相电流

C. 减小负荷中性点的偏移

D. 防止发生触电事故,保证人身安全

52. TN-C 系统属于(B)系统。

A. PE 线与 N 线全部分开的保护接零

B. 干线部分 PE 线与 N 线共用的保护接零

C. PE 线与 N 线前段共用后段分开的保护接零

D. 保护接地

53. TN-S 系统属于(A)系统。

A. PE 线与 N 线全部分开的保护接零

B. PE 线与 N 线共用的保护接零

C. PE 线与 N 线前段共用后段分开的保护接零

D. 保护接地

54. TN-C-S 系统属于(C)系统。

A. PE 线与 N 线全部分开的保护接零

B. PE 线与 N 线共用的保护接零

C. PE 线与 N 线前段共用后段分开的保护接零

D. 保护接地

55. 在 TN-S 配电系统中，N 线表示（B）。

A. 相线　　　　　B. 中性线　　　　　C. 保护零线　　　　D. 保护地线

56. 在 TN-S 配电系统中，PE 线表示（D）。

A. 相线　　　　　B. 中性线　　　　　C. 工作零线　　　　D. 保护地线

57. 在 TN-C 配电网中，PEN 线表示（A）。

A. 工作与保护共用的零线　　　　　B. 中性线

C. 保护零线　　　　　　　　　　　D. 保护地线

58. TN 系统分为（C）种方式。

A. 一　　　　　　B. 二　　　　　　C. 三　　　　　　D. 四

59. 在 TN-S 系统中，用电设备的金属外壳应当接（C）干线。

A. PEN　　　　　B. N　　　　　　C. PE　　　　　　D. 接地

60. 在 TN-C 系统中，用电设备的金属外壳应当接（A）干线。

A. PEN　　　　　B. N　　　　　　C. PE　　　　　　D. 接地

61. 在同一保护接零系统中，如某设备接零确有困难而采用接地保护，则应采取（C）作为补充安全措施。

A. 电源主开关改用低压断路器　　　　B. 改用小容量熔断器

C. 加装剩余电流动作保护装置　　　　D. 降低接地电阻

62. 重复接地的接地电阻值一般不应超过（A）。

A. 10Ω　　　　B. 100Ω　　　　C. $0.5M\Omega$　　　　D. $1M\Omega$

63. 低压配电系统的铜质 PEN 线的截面积不得小于（D）mm^2。

A. 2.5　　　　　　B. 4　　　　　　C. 6　　　　　　D. 10

64. 低压配电系统的铝质 PEN 线的截面积不得小于（D）mm^2。

A. 4　　　　　　B. 6　　　　　　C. 10　　　　　　D. 16

65. 低压配电系统的 N 线应当为（B）色线。

A. 粉　　　　　　B. 蓝　　　　　　C. 黑　　　　　　D. 白

66. 低压配电系统的 PE 线应当为（D）色线。

A. 黄　　　　　　B. 蓝　　　　　　C. 黑　　　　　　D. 绿/黄双

67. 下列关于电杆优缺点描述错误的是（A）。

A. 木质电杆质量轻、安装方便、耐雷击、耐腐蚀

B. 钢筋混凝土电杆廉价、耐用、耐腐蚀

C. 钢筋混凝土电杆笨重，运输和组装困难

D. 钢管杆机械强度大，耐用

68. 下列关于电杆作用的描述错误的是（B）。

A. 直线杆能承受导线、绝缘子、金具及凝结在导线上的冰雪重力

B. 耐张杆能承受两侧导线的拉力，当出现倒杆、断杆事故时，能防止事故扩大

C. 转角杆用于线路的转角处，能承受两侧导线的合力

D. 终端杆用于线路的始端和终端，承受导线的一侧拉力

69. 主要用在电杆较高、横担较多，且同杆多条线路使电杆受力不均匀的拉线是（D）。

A. "人"字拉线   B. "十"字拉线   C. 水平拉线   D. V 形拉线

70. 以下关于横担安装描述错误的是（D）。

A. 15°以下的转角杆采用单横担

B. 15°～45°的转角杆采用双横担

C. 线路水平排列时，横担与水泥顶部的距离为 200mm

D. 水平排列的横担应平整，端部上下和左右斜扭不得大于 30mm

71. 下列关于连接金具的描述错误的是（C）。

A. 球头挂环是用来连接球窝型悬式绝缘子上端铁帽的

B. 碗头挂环是用来连接球窝型悬式绝缘子下端钢脚的

C. 直角挂板可用于连接槽型悬式绝缘子

D. 平行挂板可用于连接槽型悬式绝缘子

72. 低压配电线路三相四线制导线的排列，面向负荷侧从左至右依次为（C）。

A. A-B-C-N   B. A-B-N-C   C. A-N-B-C   D. N-A-B-C

73. 漏电保护器后方的线路只允许连接（A）线。

A. 用电设备的工作零线   B. PE

C. PEN   D. 地

74. 安装漏电保护器时，（A）线应穿过保护器的零序电流互感器。

A. N   B. PEN   C. PE   D. 接地

75. 下列关于互感器的描述错误的是（D）。

A. 电压互感器简称 TV，电流互感器简称 TA

B. TA 能将系统中的大电流变换为规定的标准二次电流

C. TV 能将高电压变换为规定的标准低电压

D. TA 和 TV 常用的准确度级别均为 0.1、0.2、0.5、1、3、5 级

76. 人站在地上，手直接触及已经漏电的电动机金属外壳的电击是（A）电击。

A. 间接接触   B. 直接接触   C. 感应电   D. 两线

77. 低压隔离开关与低压断路器串联使用时，停电时的操作顺序是（A）。

A. 先断开断路器，后拉开隔离开关

B. 先拉开隔离开关，后断开断路器

C. 任意顺序

D. 同时断（拉）开断路器和隔离开关

78. 隔离开关正确的安装方位是在合闸状态时，操作手柄向（A）。

A. 上   B. 下   C. 左   D. 右

79. 低压断路器的失压脱扣器的动作电压一般为（C）的额定电压。

A. 10%～20%   B. 20%～30%   C. 40%～75%   D. 80%～90%

80. 低压断路器的最大分断电流应（A）其额定电流。

A. 远大于   B. 略大于   C. 等于   D. 略小于

81. 对于频繁启动的异步电动机，应当选用的控制电器是（C）。

A. 铁壳开关   B. 低压断路器   C. 接触器   D. 转换开关

82. 下列关于接户线的基本要求描述错误的是（C）。

A. 低压接户线的相线和中性线或保护线应从同一基电杆引下

B. 接户线的进户端对地面的垂直距离不宜小于 2.5m

C. 接户线可以从 10kV 引下线间穿过

D. 两个电源引下的接户线不宜同杆架设

83. 将 220V、40W 的灯泡与 220V、100W 的灯泡串联后接在 380V 的电源上，结果是（A）。

A. 开始 40W 灯泡极亮随即烧毁

B. 开始 100W 灯泡极亮随即烧毁

C. 两灯泡均比正常时暗

D. 灯泡均极亮随即烧毁

84. 就对被测电路的影响而言，电压表的内阻（A）。

A. 越大越好　　　　B. 越小越好　　　　C. 适中为好　　　　D. 大小均可

85. 就对被测电路的影响而言，电流表的内阻（B）。

A. 越大越好　　　　B. 越小越好　　　　C. 适中为好　　　　D. 大小均可

86. 下列接地系统中应用最多最广的是（B）。

A. 工作接地　　　　B. 保护接地　　　　C. 静电接地　　　　D. 隔离接地

87. 下列关于缺陷的描述错误的是（C）。

A. 缺陷按紧急程度可分为紧急缺陷、重大缺陷和一般缺陷

B. 紧急缺陷指设备已经不能安全运行，随时可能导致发生事故或危及人身安全的缺陷

C. 重大缺陷指设备有明显损伤、变形，或有存在危险，缺陷比较严重，需采取必要的安全措施或尽快消除

D. 一般缺陷指设备状况不符合规程要求，但对近期安全运行影响不大的缺陷

88. 下列关于绝缘子的缺陷描述错误的是（B）。

A. 绝缘子击穿接地属于紧急缺陷

B. 悬式绝缘子销针脱落属于重大缺陷

C. 绝缘子螺帽松脱属于一般缺陷

D. 绝缘子瓷裙缺口属于一般缺陷

89. 以下属于一般缺陷的是（B）。

A. 导线上悬挂杂物　　　　　　　　B. 杆塔无标识牌

C. 张力拉线松弛　　　　　　　　　D. 绝缘子有裂纹

90. 以下属于紧急缺陷的是（B）。

A. 单一金属导线断股或截面积损伤超过总截面积的 17%

B. 水泥杆受外力作用产生错位变形露筋超过 1/3 周长

C. 落地式变台无围栏

D. 导线对地距离不符合规程要求

91. 以下属于重大缺陷的是（A）。

A. 交叉跨越处导线间距离小于规定值的 50%

B. 绝缘线老化破皮

C. 接头烧伤严重、明显变色，有温升现象

D. 拉线地锚坑严重缺土

92. 绝缘子发生闪络的原因是（C）。

A. 表面光滑   B. 表面毛糙   C. 表面污湿   D. 表面潮湿

93. 沿建（构）筑物架设的 1kV 以下配电线路采用绝缘线，导线支持点之间的距离不宜大于（A）m。

A. 15   B. 10   C. 8   D. 5

94. 塑料绝缘线的最高持续工作温度一般不得超过（B）℃。

A. 60   B. 70   C. 80   D. 90

95. 橡皮绝缘线的最高持续工作温度一般不得超过（A）℃。

A. 65   B. 75   C. 85   D. 95

96. 其他条件相同，人离接地点越近时可能承受的（A）。

A. 跨步电压越大、接触电压越小   B. 跨步电压和接触电压都越大

C. 跨步电压越大、接触电压不变   D. 跨步电压不变、接触电压越大

97. 测量绝缘电阻的仪表是（A）。

A. 绝缘电阻表   B. 接地电阻测量仪

C. 单臂电桥   D. 双臂电桥

98. 工作绝缘是（B）。

A. 不可触及的导体与可触及的导体之间的绝缘

B. 保证设备正常工作所需的绝缘

C. 可触及的导体与带电体之间的绝缘

D. 带电体与地之间的绝缘

99. 绝缘电阻表（A）端接到被测设备的相线端或相端。

A. L   B. E   C. G   D. E 和 G

100. 绝缘电阻测试仪测量前，应先将表计进行一次开路和短路试验，检查绝缘电阻表是否良好。开路时指针应处于（B）。

A. 中间   B. ∞   C. 0   D. 任意处

101. 使用单梯工作时，梯与地面的斜角度约为（C）。

A. 45°   B. 50°   C. 60°   D. 75°

102. 如果梯子使用高度超过（D）m，请务必在梯子中上部设立拉线。

A. 2   B. 3   C. 4   D. 5

103. 刀具绝缘手柄的最小长度为（C）mm。

A. 10   B. 50   C. 100   D. 200

104. 用万用表 100V 挡测量 80V 的电压，该万用表满刻度值为 500V，则指针指示值为（C）V。

A. 80   B. 100   C. 400   D. 500

105. 万用表的欧姆调零旋钮应当在（C）将指针调整至零位。

A. 测量电压或电流前   B. 测量电压或电流后

C. 换挡后测量电阻前   D. 测量电阻后

106. 低压带电作业除应配备绝缘鞋等安全用具和防护用具外，还应携带（A）。

A. 低压验电笔或低压验电器   B. 绝缘电阻表

C. 电流表   D. 单臂电桥

107. 绝缘棒应定期进行绝缘试验，一般（D）试验一次。

A. 每次使用前   B. 每个月   C. 每半年   D. 每年

108. 绝缘夹钳要定期试验，试验周期为（C）。

A. 一月   B. 半年   C. 一年   D. 两年

109. 绝缘鞋（靴）的使用期限应以（D）为限，即当大底露出黄色面胶（绝缘层）。

A. 一年   B. 两年   C. 中底磨光   D. 大底磨光

110. 绝缘服的预防性耐压试验要求为（C）。

A. 380V/min   B. 1000V/min

C. 5000V/min   D. 6000V/min

111. 绝缘垫的预防性试验周期为（B）。

A. 一月   B. 半年   C. 一年   D. 两年

112. 绝缘靴的预防性试验时，耐压、泄漏电流要求为（B）。

A. 5kV/min，≤1.5mA   B. 10kV/min，≤18mA

C. 5kV/min，≤18mA   D. 10kV/min，≤1.5mA

113. 架空线路不停电作业。采用绝缘杆作业法进行带电作业，电弧能量不大于 $1.13cal/cm^2$，须穿戴防电弧能力不小于（A）的分体式防电弧服装，戴护目镜。

A. $1.4cal/cm^2$ B. $2.4cal/cm^2$ C. $4.8cal/cm^2$ D. $6.8cal/cm^2$

114. 架空线路不停电作业。采用绝缘手套作业法进行带电作业，电弧能量不大于 5.63cal/cm²，须穿戴防电弧能力不小于（D）的分体式防电弧服装，戴相应防护等级的防电弧面屏。

A. 1.4cal/cm²   B. 2.4cal/cm²

C. 4.8cal/cm²   D. 6.8cal/cm²

115. 分体式防护服必须衣、裤成套穿着使用，且衣、裤必须有重叠面，重叠面不少于（C）。

A. 10cm   B. 12cm   C. 15cm   D. 20cm

116. 插拔式连接器的正常使用环境温度为（C）。

A. −10～60℃   B. −20～60℃

C. −20～70℃   D. −10～70℃

117. 环境温度为 25℃时，移动箱变车在相对湿度（D）时，应能正常工作。

A. 不大于 80%   B. 不大于 85%

C. 不大于 90%   D. 不大于 95%

118. 移动箱式变压器车的接地电阻不能大于（A）。

A. 4Ω   B. 5Ω   C. 6Ω   D. 10Ω

119. 绝缘手柄应有（B）以防止手滑向端头未包覆绝缘材料的金属部分。

A. 绝缘柄   B. 护手   C. 护环   D. 套筒

120. 手工工具应妥善贮存在干燥、（A）、避免阳光直晒、无腐蚀有害物质的位置，并应与热源保持一定的距离。

A. 通风   B. 湿润   C. 浸油   D. 阴凉

121. 设计用于超低温度（−40℃）的工具，应标上字母"（A）"。

A. C   B. B   C. A   D. G

122. 使用绝缘棒时，工作人员应（D），以加强绝缘棒的保护作用。

A. 戴绝缘手套   B. 穿绝缘靴

C. 穿绝缘鞋   D. 戴绝缘手套和穿绝缘靴

123. 绝缘镊子的总长为 130～200mm，手柄的长度应不小于（C）mm。

A. 10   B. 130   C. 80   D. 200

124. 测量电容较大的电机、变压器、电缆、电容器的绝缘电阻前，应对其进行（B），以保证人身安全和测量准确。

A. 短路   B. 充分放电   C. 接地   D. 三相短路

125. 在使用相序表时，若当三相输入线中有一条线接电时，表内就会带电，因此在打开机壳前一定要（B）。

A. 充分放电　　　　B. 切断电源　　　　C. 接地　　　　D. 三相短路

126. 移动箱变车保护接地和工作接地要相距（B）m 及以上。

A. 3　　　　B. 5　　　　C. 8　　　　D. 10

127. 旁路接地线安装时应先接（C）的连接端，再接配电柜的连接端；拆除时，正好相反。

A. 受电体　　　　B. 带电体　　　　C. 接地体　　　　D. 配电柜

128. 移动式旁路配电箱的进线常用两组并联，每组的额定电流为（D）A。

A. 100　　　　B. 200　　　　C. 300　　　　D. 400

129. 单梯的横担应嵌在支柱上，并在距梯顶（A）m 处设限高标志。

A. 1　　　　B. 2　　　　C. 3　　　　D. 4

130. 平行母排汇流夹钳的额定电流一般为（C）A

A. 100　　　　B. 250　　　　C. 400　　　　D. 600

131. 正常情况下，低压验电笔氖泡发亮指的是（B）。

A. 地线　　　　B. 相线　　　　C. 中性线　　　　D. 漏电

132. 电子式万用表使用完毕，应将转换开关置于（D）挡。

A. Ω　　　　B. V　　　　C. ON　　　　D. OFF

133. 相序表的绝缘鳄口夹可用于夹取、检测直径在（D）mm 的绝缘电线。

A. 1.4～10　　　B. 2.4～15　　　C. 4.8～30　　　D. 2.4～30

134. 作业人员使用升降平台至合适位置，戴绝缘手套手持绝缘操作杆将相间绝缘隔板安装在相邻两相主线上，形成（C）以便进行断接接户线工作。

A. 绝缘遮蔽　　　　B. 断开点　　　　C. 绝缘隔离　　　　D. 绝缘屏蔽

135. 环网箱负荷开关室（断路器）、母线室和电缆室均有独立的（B）。

A. 接地通道　　　　B. 泄压通道　　　　C. 绝缘隔离　　　　D. 控制开关

136. 绝缘服、绝缘裤、绝缘袖套等个人绝缘防护用具预防性试验周期为（C）。

A. 2 年　　　　B. 1 年　　　　C. 6 个月　　　　D. 3 个月

137. 0.4kV 带电作业时，应检查配电变压器台区的作业范围内电气回路的（B）投入运行。

A. 过流保护

B. 剩余电流动作保护装置

C. 防误操作装置　　　　　　　　　D. 远程遥操

138. 在低压线路带电作业中，作业距离不满足安全距离时（A）。

A. 裸导线和绝缘导线均应进行遮蔽

B. 只需遮蔽裸导线，可不遮蔽绝缘导线

C. 只需遮蔽绝缘导线，可不遮蔽裸导线

D. 裸导线和绝缘导线均不需遮蔽

139. 低压带电作业使用的工具手握部分应有（C），其外裸露的导电部位应采取绝缘包裹措施。

A. 握手指示　　　B. 性能标识　　　C. 绝缘柄　　　D. 金属件

140. 低压带电作业时应控制导线摆动幅度，防止短路或（B）。

A. 跳闸　　　B. 接地　　　C. 断线　　　D. 损伤

141. 低压带电操作斗臂车时，工作斗的起升、下降速度不应（A）。

A. 大于 0.5m/s　　B. 小于 0.5m/s　　C. 大于 0.1m/s　　D. 小于 0.1m/s

142. 0.4kV 带电更换直线杆绝缘子作业时，不能用于固定导线的工具是（C）。

A. 斗臂车小吊臂　　　　　　　　　B. 绝缘羊角抱杆

C. 绝缘锁杆　　　　　　　　　　　D. 绝缘横担

143. 在低压带电作业中，作业人员应避免（D）。

A. 接触横担　　　　　　　　　　　B. 接触拉线

C. 接触接地构件　　　　　　　　　D. 同时接触不同电位物体

144. 低压带电作业监护人的监护范围（A）。

A. 不得超过一个作业点　　　　　　B. 不得超过一个耐张段

C. 不得超过 3km　　　　　　　　　D. 视情况而定

145. 低压带电作业中进行绝缘遮蔽时，要求遮蔽罩之间一般应（B）。

A. 约有 15cm 的重叠部分　　　　　B. 有 5cm 的重叠部分

C. 有 5cm 的不重叠　　　　　　　 D. 不重叠

146. 低压带电作业车停放位置坡度不大于（C），低压带电作业车宜顺线路停放。

A. 5°　　　B. 6°　　　C. 7°　　　D. 8°

147. 低压带电作业时，作业电工在转移作业位置、接触带电导线前均应得到（B）的许可。

A. 工作许可人　　　B. 工作监护人　　　C. 签发人　　　　D. 地面电工

148. 低压带电作业中，架空绝缘导线应视为（B）。

A. 接地体　　　　　B. 带电体　　　　　C. 绝缘体　　　　D. 无法判断

149. 带电断低压接户线引线时，应防止已断开的引线因（B）对人体造成伤害。

A. 短路　　　　　　B. 感应电　　　　　C. 过电压　　　　D. 接地

150. 带电断引流线应严格按照（B）的顺序。

A. 先断负载、后断电源　　　　　　B. 先断相线、后断零线

C. 先断零线、后断相线　　　　　　D. 无所谓先后顺序

151. 架空线路低压带电作业时，须正确穿戴防电弧能力不小于（D）cal/cm² 的分体防电弧工作服，戴相应防护等级的防电弧面屏。

A. 4　　　　　　　B. 25　　　　　　　C. 8　　　　　　D. 6.8

152. 摇测低压电缆及二次电缆的绝缘电阻时应使用（A）V 绝缘电阻表。

A. 500　　　　　　B. 2500　　　　　　C. 1500　　　　　D. 2000

153. 运行管理中的电缆线路故障可分为（A）故障和试验故障。

A. 运行　　　　　　B. 短路　　　　　　C. 高压　　　　　D. 低压

154. 断开空载电缆引线时，应按照（A）的顺序依次断开电缆引线。

A. 先相线、后中性线　　　　　　　B. 先内侧、后外侧

C. 先中性线、后相线　　　　　　　D. 先地线、后相线

155. 断开电缆引线后，作业人员应及时对裸露的金属端头进行（B），防止人员触电。

A. 胶带包裹　　　　B. 绝缘遮蔽　　　　C. 帆布遮盖　　　D. 剪断包裹

156. 电缆引线全部断开后，应对低压电缆进行（B），放电后，方可拆除电缆端头的绝缘遮蔽。

A. 短路　　　　　　　　　　　　　B. 逐项充分放电

C. 接地　　　　　　　　　　　　　D. 三相短路

157. 电缆引线断开后，作业人员应首先控制引线并将引线（B），防止随意摆动。

A. 拆除　　　　　　B. 固定　　　　　　C. 短接　　　　　D. 绝缘遮蔽

158. 直接触及（A）的已断开的电缆引线端头金属裸露部分线头造成人员触电。

A. 未放电   B. 未接地

C. 未放电并接地   D. 以上都不对

159. 带电断电缆引线前，斗内电工应使用（C）在引线处确认电缆确已空载。

A. 摇表   B. 绝缘电阻测试仪

C. 钳形电流表   D. 万用表

160. 作业过程中应防止线路发生（C）。

A. 接地   B. 短路   C. 接地或短路   D. 过载

161. 低压电缆带电作业应填用（C）工作票。

A. 配电第一种工作票   B. 配电第二种工作票

C. 配电带电作业工作票   D. 低压工作票

162. 低压架空绝缘线路和低压电缆线路一般用于（A）。

A. 室外   B. 室内   C. 站房   D. 开闭所

163. 电缆的绝缘性能（C）。

A. 仅与绝缘材料的绝缘性能有关

B. 仅与绝缘结构的形状和尺寸有关

C. 既与绝缘材料的绝缘性能有关，又与绝缘结构的形状和尺寸有关

D. 以上都不对

164. 更换低压断路器，拆除接线端子时，应（A）。

A. 先出线后进线，先相线后零线   B. 先进线后出线，先相线后零线

C. 先出线后进线，先零线后相线   D. 先进线后出线，先零线后相线

165. 在低压配电柜（房）带电加装智能配电变压器终端时，应确认负荷电流（A）旁路引流线额定电流。

A. 小于   B. 等于   C. 大于   D. 不确定

166. 进线开关柜验电获得工作负责人许可后，作业人员依次对（A）等进行验电。

A. 引线、母排、柜体   B. 母排、柜体、引线

C. 柜体、引线、母排   D. 母排、引线、柜体

167. 作业人员进行低压电气工作时，个人穿戴的防电弧服防护能力应不低于（B）cal/cm^2。

A. 26   B. 27   C. 28   D. 29

168. 环网柜具有较强的内燃弧耐受能力，可以在额定短路电流下承受（C）s 的内燃弧。

A. 0.1～0.2 　　　　 B. 0.2～0.3 　　　　 C. 0.3～0.5 　　　　 D. 0.5～0.8

169. 用绝缘引流线短接设备时，短接前应核对（A）。

A. 相位 　　　　　　　　　　　　 B. 线路双重名称

C. 杆号 　　　　　　　　　　　　 D. 线路名称

170. 智能配电终端进行接线时，应按照（B）顺序进行。

A. 互感器侧、电源侧、终端侧 　　 B. 终端侧、互感器侧、电源侧

C. 电源侧、终端侧、互感器侧 　　 D. 终端侧、电源侧、互感器侧

171. 在低压配电柜（房）带电更换低压开关时，工作负责人应联系（C）履行许可手续。

A. 调度控制中心 　　　　　　　　 B. 上级管理单位

C. 设备运维管理单位 　　　　　　 D. 安监部门

172. 更换电容器工作时应确认电容开关断开，并在旋转开关处悬挂（D）标识。

A. 止步，高压危险 　　　　　　　 B. 在此工作

C. 当心触电 　　　　　　　　　　 D. 禁止合闸

173. 配电用低压断路器的选择时，延时动作电流整定值等于（C）倍导线允许载流量。

A. 0.4～0.6 　　　　 B. 0.6～0.8 　　　　 C. 0.8～1 　　　　 D. 1～1.2

174. 低压配电柜缺一相时，线电压为（B）。

A. 3 个 220V 左右 　　　　　　　 B. 1 个 380V、2 个 200V 左右

C. 2 个 380V、1 个 200V 左右 　　 D. 1 个 0、2 个 200V 左右

175. 电容器在充、放电过程中（A）。

A. 电压不能突变 　　　　　　　　 B. 电流不能突变

C. 电压无变化 　　　　　　　　　 D. 电流无变化

176. 抽屉式的低压配电屏由于采用封闭式的结构，屏内散热比固定式差，为此在选择抽屉式低压配电柜时应考虑环境温度的影响，需考虑（C）的降容系数。

A. 0.6 　　　　　　 B. 0.7 　　　　　　 C. 0.8 　　　　　　 D. 0.9

177. 配电屏四周的维护走道净宽应保持规定距离大于等于（C）m，四周走

道均应铺绝缘胶垫。

A. 0.6　　　　B. 0.7　　　　C. 0.8　　　　D. 0.9

178. 落地式配电箱的底部应抬高，若安置在室内，则高出地面不应低于（C）mm。

A. 30　　　　B. 40　　　　C. 50　　　　D. 60

179. 0.4kV 绝缘手套作业法临时电源供电作业中，需要用到的作业车辆为（B）。

A. 绝缘斗臂车　　　　　　　　B. 0.4kV 发电车或应急电源车

C. 移动环网柜车　　　　　　　D. 吊车

180. 低压旁路电缆敷设时应（D）。

A. 单相绑扎固定　　　　　　　B. 单相分段绑扎固定

C. 四相绑扎固定　　　　　　　D. 四相分段绑扎固定

181. 0.4kV 绝缘手套作业法临时电源供电作业前，需检测确认待检修线路负荷电流（B）旁路设备额定电流值。

A. 大于　　　　B. 小于　　　　C. 等于　　　　D. 小于或等于

182. 0.4kV 绝缘手套作业法临时电源供电作业中，作业人员穿戴的防电弧服等级应（C）cal/cm²。

A. 不低于 8　　B. 不高于 8　　C. 不低于 27　　D. 不高于 27

183. 0.4kV 绝缘手套作业法临时电源供电作业中，旁路电缆的额定荷载电流应大于线路最大负荷电流的（C）倍。

A. 1.0　　　　B. 1.1　　　　C. 1.2　　　　D. 1.5

184. 0.4kV 绝缘手套作业法临时电源供电作业中，发电车出线电缆应与发电机低压开关下桩头保证（A）一致。

A. 相色　　　　B. 相位　　　　C. 相角　　　　D. 顺序

185. 0.4kV 绝缘手套作业法临时电源供电作业中，发电车出线电缆与发电机侧连接时，应确认发电机出线开关处于（A）。

A. 分位状态　　B. 合位状态　　C. 闭锁状态　　D. 储能状态

186. 0.4kV 绝缘手套作业法临时电源供电作业中，发电车出线电缆与配电箱侧连接时，应确认配电箱开关处于（A）。

A. 分位状态　　B. 合位状态　　C. 闭锁状态　　D. 良好状态

187. 0.4kV 绝缘手套作业法临时电源供电作业中，设置绝缘隔板时，应与配电箱内（C）之间保持安全距离。

　　A. 绝缘体　　　　　B. 接地体　　　　　C. 带电体　　　　　D. 电气设备

　　188. 下列关于 0.4kV 绝缘手套作业法临时电源供电作业的叙述中，错误的是（D）。

　　A. 在敷设旁路电缆时，应由多名作业人员配合，使旁路电缆离开地面整体敷设，防止旁路电缆与地面摩擦

　　B. 检测旁路系统的绝缘电阻后，需要逐相充分放电，确认电缆无残余电荷

　　C. 发电车向低压用户供电时，对低压侧出线开关核相，确认相序无误后，应先断开配电箱低压总开关，再合上发电车低压侧出线开关

　　D. 发电车退出运行时，应先合上配电箱低压总开关，再拉开低压出线侧开关和发电机出线开关

　　189. 架空线路（配电柜）临时取电给配电柜作业中，要提前确认临时电源的变压器（A）满足负荷转供要求。

　　A. 容量　　　　　　B. 变比　　　　　　C. 额定电压　　　　D. 接线组别

　　190. 架空线路（配电柜）临时取电给配电柜作业中，搭接旁路电缆与架空线路连接时，应按照（B）的顺序进行。

　　A. 先相线后零线　　　　　　　　　B. 先零线后相线

　　C. 由近及远　　　　　　　　　　　D. 由远及近

　　191. 架空线路（配电柜）临时取电给配电柜作业中，旁路电缆拆除后，应（B）。

　　A. 充分放电　　　　　　　　　　　B. 逐相充分放电

　　C. 验电　　　　　　　　　　　　　D. 接地

　　192. 下列绝缘工具，在架空线路（配电柜）临时取电给配电柜作业时肯定不会用到的是（D）。

　　A. 电缆引线固定支架　　　　　　　B. 绝缘放电杆

　　C. 绝缘挡板　　　　　　　　　　　D. 绝缘紧线器

　　193. 在架空线路（配电柜）临时取电给配电柜作业前，需要提前采集的数据不包括（D）。

　　A. 近 3 月电源侧 10kV 变压器负载率情况

　　B. 近 3 月待检修侧 10kV 变压器负载率情况

　　C. 近 3 月待检修侧低压分相电流情况

D. 近 3 月待检修侧高压分相电流情况

194. 采用心肺复苏紧急救护时，双人复苏操作，按压与呼吸操作次数比例为（D）。

A. 5/1   B. 5/2   C. 15/2   D. 30/2

195. 采用心肺复苏紧急救护时，人工呼吸者与心脏按压者可以互换位置，互换操作，但中断时间不超过（B）。

A. 3s   B. 5s   C. 8s   D. 10s

196. 救护出血伤员时，可用（D）进行止血。

A. 电线   B. 铁丝   C. 细绳   D. 柔软布带

197. 以下伤害中，（D）可致人体伤口皮肤金属化。

A. 火焰烧伤   B. 蒸汽烫伤   C. 水烫伤   D. 电灼伤

198. 带电作业中，人体的电灼伤是由（B）引起的。

A. 屏蔽服   B. 电流热效应   C. 磁感应   D. 集肤效应

199. 带电作业中，（D）被认为是电击引起死亡的主要原因。

A. 电流热效应   B. 电灼伤

C. 呼吸痉挛   D. 心室纤维性颤动

200. 一般来说，女性对稳态电击产生生理反应较男性更为（A）。

A. 敏感   B. 迟钝   C. 一样   D. 无法判断

二、多项选择题

1. 配电网可分为（BCD）。

A. 超高压电网（220kV 及以上）   B. 高压配电网（35～11kV）

C. 中压配电网（10～20kV）   D. 低压配电网（0.4kV）

2. 配电网由（ABCD）等配电设备及附属设施组成。

A. 架空线路、杆塔   B. 电缆、配电变压器

C. 开关设备   D. 无功补偿电容

3. 0.4kV 配电网线路可分（ABCD）四种。

A. 低压架空线路   B. 低压架空绝缘线路

C. 低压电缆线路   D. 室内配电线路

4. 10kV 线路采用 A、B、C 三相三线制供电，0.4kV 采用（ABCD）三相四线制供电为主，多了一根中性线。

A. A   B. B   C. C   D. N

5. 带电作业（BCD）应由具有带电作业资格和实践经验的人员担任。

A. 地面人员   B. 工作票签发人

C. 工作负责人   D. 专责监护人

6. 影响空气放电的因素很多，例如（ABCD）等。

A. 电场的均匀程度   B. 间隙上所加的波形

C. 湿度   D. 温度

7. 电弧对人体的危害有（ABCD）。

A. 触电伤害会侵害人的肌肉、神经

B. 热辐射会使人的皮肤烧伤

C. 强烈闪光会刺伤眼睛

D. 爆破性的声音会造成人耳膜受损

8. 结合低压配电网设备现场工作需求和根据作业的对象设备分类，可将 0.4kV 不停电作业分为（ABCD）四类作业。

A. 架空线路   B. 电缆线路

C. 配电房   D. 低压用户终端

9. 低压带电作业应设（C），使用有（D）的工具。

A. 工作负责人   B. 工作票签发人   C. 专人监护   D. 绝缘柄

10. 低压配电设备上工作，应采用（ABCD）等形式。

A. 工作票或派工单   B. 任务单

C. 工作记录   D. 口头、电话命令

11. 对（ABCD）的数条配电线路上的带电作业，可使用一张配电带电作业工作票。

A. 同一电压等级   B. 依次进行

C. 同类型   D. 相同安全措施

12. 配电线路带电作业，应采取（ABCD）的技术措施保证作业安全。

A. 保持足够空气距离   B. 停用重合闸

C. 穿戴合格防护用具   D. 使用合格作业工器具

13. 0.4kV 配电网具有（ABCD）等特点。

A. 用户种类多样   B. 作业环境复杂

C. 设备类型多样   D. 作业点多面广

14. 不停电作业时，由于（ABCD），均可能引起触电事故。

A. 空间狭小   B. 带电体之间绝缘距离小

C. 带电体与地之间绝缘距离小   D. 作业时的错误动作

15. 在进行不停电作业前，（AB）应组织现场勘察并填写现场勘察记录。

A. 工作票签发人   B. 工作负责人

C. 工作许可人   D. 作业人员

16. 在带电作业区域内工作，电对作业人员的作用主要表现为（ABC）。

A. 电流   B. 静电感应   C. 电场的危害   D. 噪声

17. 绝缘杆作业法可以在（ABCD）采用。

A. 登杆   B. 绝缘斗臂车   C. 绝缘平台   D. 绝缘脚手架

18. 安全距离包括（ABCD）和最小组合间隙。

A. 最小安全距离　　　　　　　　B. 最小对地安全距离

C. 最小相间安全距离　　　　　　D. 最小安全作业距离

19. 配电网带电作业安全距离不足的补充措施有（AB）。

A. 绝缘隔离　　　B. 绝缘遮蔽　　　C. 保护间隙　　　D. 停用重合闸

20. 安全距离是由（ABC）等因素决定的。

A. 绝缘水平　　　　　　　　　　B. 带电作业时过电压水平

C. 必要的安全裕度　　　　　　　D. 气象条件

21. 带电作业风力不大于 5 级是指（ABC）。

A.10min 平均风速　　　　　　　B. 风速不大于 10m/s

C. 离地面高度 10m 处风速　　　　D. 离地面 2m 左右风速

22. 0.4kV 架空线路带电作业按作业人员采用的绝缘工具来划分，作业方式有（AC）作业法。

A. 绝缘杆　　　　B. 绝缘平台　　　C. 绝缘手套　　　D. 绝缘斗臂车

23. 0.4kV 配电网带电作业所用的绝缘遮蔽罩描述正确的是（ACD）。

A. 起主绝缘保护作用　　　　　　B. 不起主绝缘保护作用

C. 起绝缘遮蔽作用　　　　　　　D. 起隔离保护作用

24. 在带电作业过程中，考虑作业人员承受的电压包括（ACD）。

A. 正常工作电压　　　　　　　　B. 大气过电压

C. 操作过电压　　　　　　　　　D. 暂时过电压

25. 绝缘杆作业法可以应用在以（ABC）作为人员的支撑平台（方式）进行的带电作业工作中。

A. 绝缘斗臂车的工作斗　　　　　B. 绝缘平台

C. 脚扣登杆　　　　　　　　　　D. 起重吊车

26. 绝缘杆作业法中控制绝缘操作杆有效绝缘长度的措施有（ABCD）。

A. 工作负责人（专责监护人）监护　B. 作业位置合适

C. 绝缘杆手持部分标注明显　　　　D. 登杆作业人员之间互相提醒

27. 关于 0.4kV 绝缘手套作业法断接引线原理描述错误的是（ABC）。

A. 绝缘手套作业法是等电位作业

B. 作业人员穿戴防护用具，以绝缘斗臂车等为主绝缘

C. 以绝缘罩、绝缘毯等绝缘遮蔽措施为辅助绝缘

D. 通过绝缘手套直接对带电设备进行检修和维护作业

28. 在配电线路带电作业中，流过人体的泄漏电流包括（AB）。

A. 阻性电流　　　B. 容性电流　　　C. 直流电流　　　D. 感性电流

29. 带电作业工作结束后的注意事项应包括（ABCD）。

A. 清理工作现场　　　　　　　　　B. 清点工具

C. 回收材料　　　　　　　　　　　D. 办理工作票终结

30. 带电作业中，防止人身触电的预防控制措施有（ABCD）。

A. 作业过程中，不论线路是否停电，始终认为线路有电

B. 停用线路重合闸

C. 必须天气良好条件下进行

D. 保持安全距离

31. 绝缘杆作业法脚扣登杆作业前，应检查（ABCD）。

A. 线路名称及杆号　　　　　　　　B. 杆根埋深及杆身裂纹

C. 拉线及拉棒　　　　　　　　　　D. 安全带及脚扣或其他登高工具

32. 绝缘隔离时的注意事项有（AB）。

A. 上下传递工器具应使用绝缘绳

B. 绝缘隔离应严实、牢固，遮蔽有重叠

C. 绝缘遮蔽用具可用金属扎线扎紧

D. 无绝缘绳时可用白棕绳代替，但应防止其触及带电体

33. 带电作业中常用的绝缘配合方法有（BCD）。

A. 排列法　　　B. 惯用法　　　C. 统计法　　　D. 简化统计法

34. 要做到带电作业时人体无电击危险，而且使作业人员无不适应，要求（BCD）。

A. 流经人体的电流不超过 10mA

B. 人体体表局部场强不超过 240kV/m

C. 流经人体的电流不超过交流 1mA

D. 保持足够的安全距离

35. 下列说法正确的有（ABC）。

A. 带电作业工作负责人在带电作业工作开始前，应与值班调度员联系

B. 需要停用重合闸的作业，应由调度值班员履行许可手续

C. 带电作业结束后应及时向值班调度员汇报

D. 带电作业应设专责监护人，监护人可以适时进行辅助操作

36. 在雷雨天气，下列（ABD）处可能产生较高的跨步电压。

A. 高墙旁边   B. 电杆旁边

C. 高大建筑物内   D. 大树下方

37. 电流通过人体对人体伤害的严重程度与（ABD）有关。

A. 电流通过人体的持续时间   B. 电流通过人体的途径

C. 负荷大小   D. 电流大小和电流种类

38. 导体的导电能力应满足（ACD）的要求。

A. 发热   B. 机械强度   C. 电压损失   D. 短路电流

39. 导线截面积的选择需要考虑（ABCD）的要求。

A. 允许发热   B. 机械强度

C. 允许电压损失   D. 经济电流密度

40. 电气设备在（ABCD）情况下可能产生危险温度。

A. 短路   B. 接触不良   C. 满负荷运行   D. 电压过高

41. 工作负责人（监护人）的安全责任包括（ABCD）。

A. 正确安全地组织工作

B. 负责检查工作票所列安全措施是否正确，完备和工作许可人所做的安全措施是否符合现场实际条件，必要时予以补充

C. 工作前对工作班成员进行危险点告知，交代安全措施和技术措施，并确认每一个工作班成员都已知晓

D. 严格执行工作票所列安全措施

42. 工作班成员的安全责任包括（BCD）。

A. 负责检查检修设备有无突然来电的危险

B. 熟悉工作内容，工作流程，掌握安全措施，明确工作中的危险点，并履行确认手续

C. 严格遵守安全规章制度，技术规程和劳动纪律，对自己在工作中的行为负责，互相关心工作安全，并监督本规程的执行和现场安全措施的实施

D. 正确使用安全工器具和劳动防护用品

43. 在配电线路带电作业中，属于作业人员防护用具的有（BC）。

A. 屏蔽服   B. 绝缘服   C. 绝缘手套   D. 导电手套

44. 装设临时接地线的顺序是（AB）。

A. 先接接地端   B. 后接相线端   C. 先接相线端   D. 后接接地端

45. 携带型短路接地线主要有导线端线夹、（ABCD）等器件组成。

　　A. 绝缘操作棒　　　B. 短路线　　　　C. 接地线　　　　D. 接地端线夹

46. 利用绝缘斗臂车作业时，斗内两名电工须穿戴好的绝缘用具包括（ABCD）。

　　A. 绝缘帽　　　　　　　　　　　B. 安全带

　　C. 绝缘手套、绝缘靴　　　　　　D. 绝缘服

47. 对带电部件拆除绝缘遮蔽罩时，一般应遵循（AC）原则。

　　A. 从远到近　　　B. 从近到远　　　C. 从上到下　　　D. 从下到上

48. 低压架空线路不停电作业包括（ABC）。

　　A. 简单消缺　　　　　　　　　　B. 接户线及线路引线断接操作

　　C. 低压线路设备安装更换　　　　D. 配电柜消缺

49. 低压电缆线路不停电作业包括（AB）。

　　A. 断接空载电缆引线　　　　　　B. 更换电缆分支箱

　　C. 电表更换　　　　　　　　　　D. 临时取电

50. 低压用户终端开展的不停电作业包括（ABC）。

　　A. 发电车低压侧临时取电　　　　B. 直接式电能表更换

　　C. 带互感器电能表更换　　　　　D. 配电柜消缺

51. 低压配电系统对于配电方面的要求包括（ABCD）。

　　A. 可靠性　　　B. 用电质量　　　C. 检修施工　　　D. 节能环保

52. 低压配电系统常见的连接方式是（ABD）。

　　A. 放射式　　　B. 树干式　　　　C. 链式　　　　　D. 环式

53. 关于低压配电系统连接方式描述正确的是（ABCD）。

　　A. 放射式配电线路相互独立，发生故障互不影响

　　B. 放射式配电线路设备比较集中，便于维修

　　C. 树干式接线方式的主要缺点是干线发生故障时，停电范围很大

　　D. 闭环运行供电可靠性高、电能损失小，但保护整定复杂，容易造成保护误动作

54. 关于低压配电系统连接方式描述错误的是（BC）。

　　A. 容量大、负荷集中或有重要用电设备的场所应采用放射式连接方式

　　B. 需要集中联锁启动或停止的设备应采用树干式连接方式

　　C. 环形配电线路一般用于一级负荷的供电

D. 每台设备负荷虽不大但位于变电站的不同方向应采用放射式连线

55. 关于中性线 N 的功能描述正确的是（ABC）。

A. 用于需要 220V 相电压的单相设备

B. 用于传导三相系统的不平衡电流和单相电流

C. 减小负荷中性点的偏移

D. 防止发生触电事故，保证人身安全

56. 低压配电系统的接地方式有（ABCD）。

A. TT 系统　　　　　　　　　　　B. TN-C 系统

C. TN-S 系统　　　　　　　　　　D. TN-C-S 系统

57. 低压配电系统的 TN 接地系统包括（ABC）三种接地方式。

A. TN-C 系统　　　　　　　　　　B. TN-S 系统

C. TN-C-S 系统　　　　　　　　　D. TN-S-C 系统

58. 一般按在配电线路中的作用和所处位置可以将电杆分为直线杆、耐张杆、（ABC）五种基本形式。

A. 转角杆　　　　B. 终端杆　　　　C. 分支杆　　　　D. 拉线杆

59. 下列关于电杆作用的描述正确的是（ABCD）。

A. 直线杆能承受导线、绝缘子、金具及凝结在导线上的冰雪重力

B. 耐张杆当出现倒杆、断杆事故时，能防止事故扩大

C. 终端杆用于线路的始端和终端，承受导线的一侧拉力

D. 分支杆用于线路分接支线时的支撑点

60. 下列关于电杆基础的描述正确的是（BCD）。

A. 所有的电杆均包括底盘、卡盘和拉线盘

B. 底盘是主杆基础

C. 卡盘是为了提高电杆抗倾覆能力而设置的辅助基础

D. 拉线盘是电杆拉线的基础

61. 下列关于拉线的组成描述正确的是（ABC）。

A. 拉线通常由楔形线夹、拉线绝缘子、UT 线夹三部分与镀锌钢绞线共同连接组成

B. 楔形线夹固定在拉线抱箍上，UT 线夹通过拉线棒与拉线基础（拉线盘）连接

C. 拉线如从导线间穿过时，应在拉线中间装设拉线绝缘子

D. 拉线绝缘子的部位应保证在断拉线的情况下，拉线绝缘子距离地面不小于 2m

62. 下列关于拉线的描述正确的是（ABD）。

A. 普通拉线主要用来平衡架空线的不平衡荷载

B. 人字拉线多用于中间直线杆，用来增强电杆防风倾倒能力

C. 水平拉线跨越道路时，对路面中心的垂直距离不应小于 4m

D. V 形拉线主要用在电杆较高、横担较多，且同杆多条线路使电杆受力不均匀的情况

63. 下列导线常用的材料中，导电性能最好的是（A），机械强度最高的是（C）。

A. 铜　　　　　　　B. 铝　　　　　　　C. 钢　　　　　　　D. 铝合金

64. 以下关于横担安装描述正确的是（ABC）。

A. 单横担通常安装在电杆线路编号的大号（受电）侧

B. 分支杆、转角杆及终端杆应安装于拉线侧

C. 30° 及以下的转角担应与角平分线方向一致

D. 45° 以上的转角杆采用双横担

65. 以下关于绝缘子与横担安装的描述正确的是（ABC）。

A. 绝缘子的额定电压应符合线路电压等级要求

B. 安装前应检查绝缘子有无损坏，并测试其绝缘电阻值

C. 绝缘子与铁横担之间应垫一层薄橡皮，以防拧紧螺栓时压碎绝缘子

D. 为了不压碎绝缘子，螺母无需拧紧

66. 下列关于拉线金具描述错误的是（AB）。

A. UT 线夹，俗称上把，既能用于固定拉线，同时又可调整拉线

B. 楔形线夹，俗称下把或底把，它是利用楔的臂力，使钢绞线紧固

C. 拉线抱箍，用于将拉线固定在电杆上

D. 延长环主要用于拉线抱箍与楔形线夹之间的连接

67. 以下属于接续金具的是（AC）。

A. 钳压管　　　　B. UT 线夹　　　　C. 并沟线夹　　　　D. 楔形线夹

68. 下列关于接户线和进户线的说法正确的是（AC）。

A. 当用户计量装置在室内时，从电力线路到用户室外第一支持物的一段线路为接户线

B. 当用户计量装置在室内时，从电力线路到用户室外第一支持物的一段线路为进户线

C. 当用户计量装置在室外时，从电力线路到用户室外计量装置的一段线路为接户线

D. 当用户计量装置在室外时，从电力线路到用户室外计量装置的一段线路为进户线

69. 下列关于接户线和进户线的基本要求有（AC）。

A. 接户线与进户线宜采用绝缘导线，外露部分应严格的按照规定进行绝缘处理

B. 进户线的进户端对地的垂直距离不宜小于 2m

C. 两个电源引入的接户线不宜同杆架设

D. 农村低压接户线档距内可以有接头

70. 下列关于电缆结构描述正确的是（ABCD）。

A. 导电线芯用来输送电流，具有高导电性和一定抗拉强度

B. 绝缘层的作用是将导电线芯与相邻导体及保护层隔离，抵抗电力电流、电压、电场对外界的影响

C. 内保护层直接包在绝缘层上，保护绝缘不与空气、水分或其他物质接触

D. 外保护层是用来保护内保护层的，防止铅包、铝包等受外界的机械损伤和腐蚀

71. 下列关于低压开关设备的描述正确的是（ABCD）。

A. 低压隔离开关的主要用途是隔离电源

B. 低压熔断器能在电路发生短路或过负荷时自动切断故障电路，保护其他电气设备

C. 低压断路器又称自动空气开关，在故障情况下切断故障电流，保护线路和电气设备

D. 接触器用于远距离频繁地接通或开断交、直流主电路及大容量控制电路

72. 属于电磁感应工作原理的电器是（ABCD）。

A. 变压器　　　　B. 互感器　　　　C. 发电机　　　　D. 电动机

73. 电磁系仪表可直接用于（AB）测量。

A. 直流　　　　B. 交流　　　　C. 电功率　　　　D. 电能

74. 以下关于电流互感器的描述正确的是（ABCD）。

A. 电流互感器简称 TA

B. 额定电流比是指额定一次电流与额定二次电流之比

C. 准确度级别是指额定电流下所规定的最大允许电流误差百分数

D. 一次电流和二次电流方向相反的极性关系称减极性

75. 以下关于电压互感器的描述正确的是（ABD）。

A. 电流互感器简称 TV

B. 二次额定电压规定为 100V

C. 常用的 TV 准确度等级有 0.1、0.2、0.5、1、2 级和 3 级

D. 在 TV 中二次负荷越大则误差越大

76. 下列关于低压熔断器的描述正确的是（ABCD）。

A. 熔断器是一种简单的保护电气，串联于电路中使用

B. 电路发生短路或过负荷时，熔体熔断自动切断故障电流

C. 熔断器一般由金属熔体、连接熔体的触点装置和外壳组成

D. 熔断器的额定电流比金属熔体的额定电流大

77. 下列关于低压断路器的描述正确的是（ABC）。

A. 低压断路器又称自动空气开关、自动开关

B. 低压断路器在正常情况下，不频繁地接通或开断电路

C. 故障情况下，低压断路器切除故障电流，保护线路和设备安全

D. 低压断路器是利用空气或 SF_6 作为灭弧介质的开关电器

78. 下列接地系统描述正确的是（ABCD）。

A. 保护接地是为了防止电气设备及装置的金属外壳因意外带电而危及人身和设备安全的接地

B. 因设备运行需要而进行的接地叫作工作接地

C. 为了消除电气装置或设备的金属结构遭受大气或操作过电压危险的接地叫作过电压保护接地

D. 把不能受干扰的电气设备或把干扰源用金属外壳屏蔽起来，并进行的接地叫作隔离接地

79. 架空线路按缺陷的紧急程度可分为（ABD）。

A. 一般缺陷　　　　B. 紧急缺陷　　　　C. 严重缺陷　　　　D. 重大缺陷

80. 下列关于缺陷的描述正确的是（ABCD）。

A. 缺陷按紧急程度可分为紧急缺陷、重大缺陷和一般缺陷

B. 紧急缺陷指设备已经不能安全运行，随时可能导致发生事故或危及人身安全的缺陷

C. 重大缺陷指设备有明显损伤、变形或有存在危险，缺陷比较严重，但可在短期内继续运行的缺陷。

D. 一般缺陷指设备状况不符合规程要求，但对近期安全运行影响不大的缺陷

81. 以下关于导线缺陷的描述正确的是（ABD）。

A. 单一金属导线断股或截面积损伤超过总截面积的 25% 属于紧急缺陷

B. 钢芯铝绞线的铝线断股或损伤截面积超过总截面积的 25% 属于紧急缺陷

C. 导线上悬挂杂物属于一般缺陷

D. 接头烧伤严重、明显褪色，有温升现象

82. 以下关于杆塔缺陷的描述正确的是（ACD）。

A. 水泥杆倾斜超过 15° 属于紧急缺陷

B. 水泥杆倾斜超过 10° 属于紧急缺陷

C. 木杆杆根截面积缩减至 50% 及以下属于重大缺陷

D. 杆塔基础缺失或因上拔及冻鼓使杆塔埋深小于标准埋深的 5/6 属于一般缺陷

83. 以下属于紧急缺陷的是（ACD）。

A. 水泥杆杆根断裂

B. 钢芯铝绞线的铝线断股或损伤表面积超过截面积的 25%

C. 受外力作用，拉线松脱对人身和设备安全构成严重威胁

D. 绝缘子击穿接地

84. 以下属于重大缺陷的是（BCD）。

A. 固定绑线有损伤、松动、断股　　B. 水泥杆严重腐蚀、酥松

C. 绝缘子有裂纹　　　　　　　　　D. 木横担腐朽断面积超过 1/2

85. 以下关于拉线缺陷的描述正确的是（CD）。

A. 张力拉线松弛或地把抽出属于紧急缺陷

B. UT 线夹装反属于重大缺陷

C. 拉线松弛属于一般缺陷

D. 拉线或拉线棒小于实际承受拉力属于一般缺陷

86. 以下关于电缆故障的处理方法正确的是（ABCD）。

A. 电缆受潮部分应予切除

B. 绝缘材料或绝缘介质有碳化现象应予更换

C. 在发现有白蚁的地区采用防咬护层的电缆

D. 电缆漏出的油等油性污秽，可在刷子上沾些丙酮擦除

87. 针对外力破坏采取的防治措施有（ABC）。

A. 通过宣传形式，进行护线宣传和电力知识教育

B. 加强对配电线路的巡视

C. 与城建、规划部门加强联系，配合做好安全生产中的规划、设计、施工等工作

D. 加强线路改造，尤其跳闸严重线路，尽快列入计划，完成改造

88. 不停电更换电能表时，直接接入的电能表应将出线（B）；经电流互感器接入电能表应将电流互感器二次（D）后进行。

  A. 与进线连接   B. 负荷断开   C. 开路   D. 短路

89. 防止雷电冲击波侵入室内的方法有（BCD）。

  A. 建筑物上方安装避雷针   B. 架空线入户安装避雷针

  C. 架空线入户处绝缘子铁脚接地   D. 金属管线入户处管道直接接地

90. 在雷雨天气，下列（ABD）处可能产生较高的跨步电压。

  A. 高墙旁边   B. 电杆旁边

  C. 高大建筑物内   D. 大树下方

91. 走出可能产生跨步电压的区域应采用的正确方法是（AB）。

  A. 单脚跳出   B. 双脚并拢跳出

  C. 正常走出   D. 大步跨出

92.（ABCD）场所应安装漏电保护装置。

A. 有金属外壳的Ⅰ类移动式电气设备

B. 安装在潮湿环境的电气设备

C. 公共场所的通道照明电源

D. 临时性电气设备

93. 电气设备在（ABCD）情况下可能产生危险温度。

  A. 短路   B. 接触不良   C. 满负荷运行   D. 电压过高

94. 低压电器中常配备（ABCD）保护。

  A. 短路   B. 缺相   C. 过载   D. 失压

95. 对临时用电架空线路导线的基本要求（ABCD）。

A. 必须是绝缘导线

B. 线路中的负荷电流不大于导线的安全载流量

C. 线路末端电压不得小于额定电压的 5%

D. 单相线路中性线应与相线截面积相同

96. 使用行灯（手持式照明灯具）时必须符合下列要求（ABCD）。

A. 电源电压不得超过 36V   B. 手柄坚固绝缘良好

C. 灯头与灯体连接牢固   D. 灯泡外部应该有保护网

97. 导线截面的选择需要考虑（ABCD）的要求。

A. 允许发热   B. 机械强度

C. 允许电压损失   D. 经济电流密度

98. 导体的导电能力应满足（ACD）的要求。

A. 发热   B. 机械强度   C. 电压损失   D. 短路电流

99. 下面有关 0.4kV 三相四线架空线路的说法正确的是（ABD）。

A. 相线与中性线之间的电压称为相电压

B. 0.4kV 是指线电压

C. 中性线可以直接接地，因此接地线可以代替中性线

D. 衡量 0.4kV 配电网电能质量的三个指标是电压、频率、波形。

100. 三相交流电相位的先后顺序中，正相序有几种形式（ACD）。

A. A-B-C   B. A-C-B   C. B-C-A   D. C-A-B

101. 低压移动电缆分支箱停送电操作时，作业人员应穿戴（ABCD）等。

A. 电弧防护服   B. 电弧防护面罩

C. 电弧防护手套   D. 电弧防护鞋罩等

102. 手钳握手上下，护手高出扁平面（A）mm、手钳握手左右，护手高出扁平面（C）mm。

A. 5   B. 8   C. 10   D. 15

103. 工具或工具构件应在绝缘层上标明（ACD）。

A. 型号   B. 名称   C. 参数   D. 制造日期

104. 绝缘电阻表又称（BCD）。

A. 欧姆表   B. 兆欧表

C. 绝缘摇表   D. 绝缘电阻测试仪

105. 绝缘绳是广泛应用于带电作业的绝缘材料之一，可用作运载工具、（AD）、连接套及保安绳等。

A. 攀登工具　　　B. 拖车绳　　　　C. 导线牵引绳　　D. 吊拉绳

106. 目前带电作业常用的绝缘绳主要有（CD）等。

A. 棉纱绳　　　　B. 白棕绳　　　　C. 蚕丝绳　　　　D. 锦纶绳

107. 电弧防护用品在作业中遇到电弧或高温时，能对人员起到重要的防护作用。主要有（ABCD）、防电弧面屏、护目镜等。

A. 防电弧服　　　B. 防电弧手套　　C. 防电弧鞋罩　　D. 防电弧头罩

108. 移动式旁路低压柜根据功能分为（ACD），可根据负荷分配等情况进行现场搭配组合。

A. 进线柜　　　　B. 母线柜　　　　C. 馈线柜　　　　D. 电容器柜

109. 万用表一般以测量（ABC）为主要目的。

A. 电流　　　　　B. 电压　　　　　C. 电阻　　　　　D. 绝缘

110. 0.4kV 综合抢修车配备应配备（BCD）、支撑腿传感器、防干涉传感器、液压缸自动锁紧装置、手动辅助应急系统等安全装置。

A. 陀螺仪　　　　　　　　　　　B. 水平传感器

C. 过载传感器　　　　　　　　　D. 紧急停止装置

111. 以下可以作为主绝缘的有（ABC）。

A. 绝缘梯　　　　　　　　　　　B. 0.4kV 综合抢修车

C. 绝缘操作杆　　　　　　　　　D. 低压绝缘鞋

112. 以下预防性试验周期为半年的有（AB）。

A. 导线遮蔽罩　　B. 绝缘手套　　　C. 绝缘杆　　　　D. 绝缘绳

113. 在试验和推广（ABCD）的同时，应制订相应的技术措施，经本单位批准后执行。

A. 新技术　　　　B. 新工艺　　　　C. 新设备　　　　D. 新材料

114. 各式起重机应根据需要安设（ABCD）联锁开关等安全装置。

A. 过卷扬限制器　　　　　　　　B. 过负荷限制器

C. 起重臂俯仰限制器　　　　　　D. 行程限制器

115. 纤维绳有霉烂、腐蚀、损伤者不准用于起重作业，纤维绳出现（ABCD）者禁止使用。

A. 松股　　　　　B. 散股　　　　　C. 严重磨损　　　D. 断股

116. 登杆塔前，应先检查登高工具、设施，如脚扣、（BCD）和脚钉、爬梯、防坠装置是否完整牢靠。

A. 安全帽　　　　B. 升降板　　　　C. 安全带　　　　D. 梯子

117. 安全工器具使用前的外观检查应包括绝缘部分有无裂纹、老化、绝缘层脱落、严重伤痕，固定连接部分有无（ACD）等现象。

A. 松动　　　　B. 浸油　　　　C. 锈蚀　　　　D. 断裂

118. 使用工具前应进行检查，机具应按其出厂说明书和铭牌的规定使用，不准使用（ABC）的机具。

A. 已变形　　　　B. 已破损　　　　C. 有故障　　　　D. 有脏污

119. 装拆接地线导体端应使用（AC）。

A. 绝缘棒　　　　　　　　　　B. 绳索

C. 专用的绝缘绳　　　　　　　D. 抛掷方法

120. 测量人员应（ABCD）。

A. 熟悉仪表的性能　　　　　　B. 熟悉使用方法

C. 熟悉正确接线方式　　　　　D. 掌握测量的安全措施

121. 绝缘棒又称绝缘杆、操作杆。它的主要作用是（ABCD）。

A. 接通或断开隔离开关　　　　B. 跌落式熔断器

C. 安装和拆除携带型接地线　　D. 带电测量和试验

122. 应急发电车当出现（ABC）等异常情况时，会自动报警或停机。

A. 机油压力偏低　　　　　　　B. 冷却液温度偏高

C. 机组超速　　　　　　　　　D. 失压

123. 低压移动电缆分支箱停送电操作时，作业人员应穿戴（ABD）电弧防护鞋罩等。

A. 电弧防护服　　　　　　　　B. 电弧防护面罩

C. 防电弧头罩　　　　　　　　D. 电弧防护手套

124. 在低压配电网不停电作业中，采用绝缘梯作业时，其属于（CD）。

A. 攀登工具　　　　　　　　　B. 绝缘防护工具

C. 主绝缘工具　　　　　　　　D. 绝缘承载工具

125. 梯子的支柱应能承受攀登时人员及所携带的（AD）的总质量。

A. 工具　　　　B. 设备　　　　C. 开关设备　　　　D. 材料

126. 低压验电笔有（ABD）三种。

A. 钢笔式　　　　　　　　　　B. 螺丝刀式

C. 感应式　　　　　　　　　　D. 数字显示式

127. 低压电缆转接箱进线插拔头额定电流为 630A，出线额定电流分别为（BCD）A。

A. 500　　　　B. 400　　　　C. 250　　　　D. 125

128. 使用绝缘棒时，工作人员应穿戴（AD），以加强人员的保护作用。

A. 绝缘手套　　　　　　　　　B. 绝缘裤

C. 绝缘袖套　　　　　　　　　D. 绝缘鞋（靴）

129. 绝缘棒应存放在干燥的地方，以防止受潮，应放在（C）上或垂直悬挂在（D）上，以防变形弯曲。

A. 防潮袋　　　　　　　　　　B. 专用工具箱

C. 特制的架子　　　　　　　　D. 专用挂架

130. 大电容积累电荷的大小与（BCD）的大小、高低或长短成正比。

A. 电感　　　　B. 电容　　　　C. 施加电压　　　　D. 时间

131. 绝缘垫具有良好的绝缘性能，用于加强工作人员对地的绝缘，避免或减轻（BC）对人体的伤害。

A. 雷电电压　　B. 感应电压　　C. 跨步电压　　　　D. 电弧

132. 电动的工具、机具应（AC）良好。

A. 接地　　　　B. 绝缘　　　　C. 接零　　　　D. 接线

133. 在带电设备周围禁止使用（AC）和线尺（夹有金属丝者）进行测量工作。

A. 钢卷尺　　　B. 绝缘绳　　　C. 皮卷尺　　　　D. 绝缘杆

134. 以下关于电气工具和用具的使用，正确的做法是（ABC）。

A. 使用前应检查电线是否完好，有无接地线

B. 不合格的电气工具和用具禁止使用

C. 使用时应按有关规定接好剩余电流动作保护器（漏电保护器）和接地线

D. 每 8 个月应由电气试验单位进行定期检查。

135. 施工机具的保管、检查和试验规定，其中正确的是（ABCD）。

A. 应有专用库房存放，库房要经常保持干燥、通风

B. 应定期进行检查、维护、保养，施工机具的转动和传动部分应保持其润滑

C. 对不合格或应报废的机具应及时清理，不准与合格的混放

D. 起重机具的检查、试验要求应满足附录 N 的规定

136. 带电线路导线的垂直距离（导线弛度、交叉跨越距离），禁止使用（ABC）等非绝缘工具进行测量。

A. 皮尺　　　　　B. 普通绳索　　　　C. 线尺　　　　　D. 测量仪

137. 带电作业工具房应配备（ABC），辐射均匀的加热器，足够的工具摆放架、吊架和灭火器等。

A. 湿度计　　　　B. 温度计　　　　　C. 抽湿机　　　　D. 静电消除器

138. 施工机具应定期进行（ABD），施工机具的转动和传动部分应保持其润滑。

A. 检查　　　　　B. 维护　　　　　　C. 清洁　　　　　D. 保养

139. 0.4kV 综合抢修车操作人员应服从工作负责人的指挥，作业时应注意（AD）。

A. 周围环境　　　B. 液压油量　　　　C. 支腿情况　　　D. 操作速度

140. 低压带电作业应穿戴（ABC），并保持对地绝缘，若存在相间短路风险应加装绝缘隔离。

A. 绝缘手套（含防穿刺手套）　　　　B. 护目镜

C. 防电弧服　　　　　　　　　　　　D. 绝缘套靴

141. 高低压同杆（塔）架设的架空线路，在低压带电线路上工作前，应（ABD）。

A. 检查与高压线路的距离

B. 采取防止误碰高压带电线路的措施

C. 联系调度

D. 不得穿越低压线路

142. 低压带电作业现场勘察工作，应勘察作业点周围（AB）。

A. 是否停有车辆或频繁有行人经过　　B. 是否存在落物伤人的可能

C. 是否处于市中心　　　　　　　　　D. 是否居民小区

143. 低压带电作业现场勘察工作，应勘察作业点周围是否存在（ACD）等作业过程中可能引发短路意外的情况。

A. 绝缘老化　　　　　　　　　　　　B. 断股

C. 扎线松动　　　　　　　　　　　　D. 损构件锈蚀严重

144. 低压带电作业前，作业人员应检查（ABCD）等地形环境是否符合作业要求。

A. 杆身完好无裂纹　　　　　　　B. 埋深符合要求

C. 基础牢固　　　　　　　　　　D. 周围无影响作业的障碍物

145. 0.4kV 带电安装接地环前，应检查接地环（AC）。

A. 外观无损坏等情况，螺丝顺滑无卡涩

B. 铭牌

C. 绝缘罩完好无破损

D. 型号

146. 低压带电作业车的空斗试操作应包括（BCD）等项目。

A. 复位　　　　B. 回转　　　　C. 升、降　　　　D. 伸缩

147. 0.4kV 带电断分支线路引线作业前，作业电工应对（AB）验流，确认待断分支线路无负荷。

A. 相线　　　　B. 中性线　　　　C. 地线　　　　D. 接户线

148. 斗内电工携带工器具进入绝缘斗，摆放要求（ABC）。

A. 工器具应分类放置工具袋中

B. 工器具的金属部分不准超出绝缘斗边缘面

C. 工具和人员质量不得超过绝缘斗额定载荷

D. 工器具随身携带

149. 0.4kV 带负荷处理线夹作业中，引流线安装分流后采取（BD）措施降低线路引线线夹温度，使得线夹温度满足作业条件。

A. 更换线夹　　　B. 自然降温　　　C. 除锈　　　　D. 物理降温

150. 个人安全防护用具和遮蔽、隔离用具应无（BCD）。

A. 折痕　　　　B. 针孔　　　　C. 砂眼　　　　D. 裂纹

151. 斗内电工使用验电器确认作业现场无漏电现象时应（ABCD）。

A. 对验电器进行自检

B. 验电时作业人员应与带电导体保持安全距离

C. 验电顺序应由近及远

D. 验电时应戴绝缘手套

152. 0.4kV 带电作业过程中斗内电工采取绝缘遮蔽措施时，应做到（ABCD）。

A. 按照"从近到远、从下到上"的顺序对作业中可能触及的带电体、接地体进行绝缘遮蔽隔离

B. 先导线、绝缘子，后对电杆及横担进行遮蔽

C. 在对带电体设置绝缘遮蔽隔离措施时，动作应轻缓，对横担、带电体之间应有安全距离

D. 绝缘遮蔽隔离措施应严密、牢固，绝缘遮蔽组合应重叠

153. 低压带电现场气象条件要求（ABC）。

A. 天气应晴好，无雷、无雨、无雪、无雾

B. 风力不大于 5 级

C. 相对湿度不大于 80%

D. 温度不超过 35℃

154. 0.4kV 旁路作业加装智能配电变压器终端作业中测量分流应测量（AC）电流，确认分流正常。

A. 原线路　　　　B. 主导线　　　　C. 旁路电缆　　　　D. 熔断器

155. 电缆线路在电力系统中作为（A）和（D）电能之用。

A. 传输　　　　B. 转换　　　　C. 控制　　　　D. 分配

156. 电缆线路与架空线路比较，具有（ABD）等优点。

A. 占地少　　　　　　　　B. 传输性能稳定

C. 投资少　　　　　　　　D. 维护工作量较小

157. 电缆线路与架空线路比较，存在（ABCD）等缺点。

A. 投资费用较大　　　　　　B. 敷设后不易变动

C. 线路不易分支　　　　　　D. 寻测故障较难

158. 低压电力电缆的基本结构可以分为（ABD）。

A. 导体　　　　B. 绝缘层　　　　C. 屏蔽层　　　　D. 护层

159. 我国制造的低压电缆线芯的标称截面积有（ABCD）mm²等多种。

A. 10　　　　B. 16　　　　C. 25　　　　D. 185

160. 电力电缆按绝缘材料不同，可分为（ACD）。

A. 油纸绝缘电缆　　　　　　B. 不滴流绝缘电缆

C. 挤包绝缘电缆　　　　　　D. 压力电缆

161. 以下（ABCD）是常用的电缆故障精确定点方法。

A. 冲击放电声测法　　　　　　B. 跨步电压法

C. 声磁信号同步接收定点法　　　　　D. 音频信号法

162. 电力工程中，常用电缆的绝缘类型选择，下列（ABC）的规定是正确的。

A. 低压电缆宜选用聚氯乙烯或交联聚乙烯型挤塑绝缘类型

B. 中压电缆宜选用交联聚乙烯绝缘类型

C. 高压交流系统中，宜选用交联聚乙烯绝缘类型

D. 直流输电系统宜选用普通交联聚乙烯型电缆

163. 下列关于低压带电作业哪项说法是正确的（ABD）。

A. 遮蔽应完整，遮蔽重合长度不小于 5cm

B. 电缆引线全部断开后，应对低压电缆进行逐相放电

C. 可以带负荷断电缆引线

D. 应按照"先相线、后中性线"的顺序依次断开电缆引线

164. 低压电缆引线拆除后，使用低压电缆引线绝缘收集器将低压电缆引线进行绝缘隔离并固定成盘状，防止低压引线（ABCD）。

A. 摆动　　　　　B. 相对地短路　　　C. 相间短路　　　D. 以上都对

165. 以下哪种是低压电缆带电作业所需个人防护用具（ABCD）。

A. 绝缘手套　　　B. 绝缘鞋　　　　　C. 防电弧服　　　D. 安全帽

166. 低压带电作业中带电搭接和断开引线时，正确的操作顺序是（AD）。

A. 断开引线时，应先断开相线，后断开中性线

B. 断开引线时，应先断开中性线，后断开相线

C. 搭接引线时，应先搭接相线，后搭接中性线

D. 搭接引线时，应先搭接中性线，后搭接相线

167. 单相三芯电缆或护套颜色分别为棕色、浅蓝色和黄绿色，其中（ABC）。

A. 棕色代表相线　　　　　　　　　　B. 浅蓝色代表中性线

C. 黄绿色代表保护线　　　　　　　　D. 绿色代表相线

168. 电力线路的分类，按照电力线路的敷设方式可以分为（AB）。

A. 电缆线路　　　　　　　　　　　　B. 架空线路

C. 高压线路　　　　　　　　　　　　D. 低压线路

169. 以下哪种是电力电缆的电气性能（ABD）。

A. 导电性能　　　　　　　　　　　　B. 电绝缘性能

C. 机械强度　　　　　　　　　　　　D. 传输特性

170. 在进行配电柜（房）作业时，绝缘防护用具包括（ABCD）。

A. 绝缘手套   B. 绝缘鞋（靴）

C. 安全帽   D. 个人电弧防护用品

171. 在低压配电柜（房）进行工作时，作业人员应穿戴（ABC）。

A. 绝缘手套   B. 防护面罩   C. 防电弧服   D. 屏蔽服

172. 以下关于在低压配电柜（房）进行带电搭接导线作业时，说法正确的是（BC）。

A. 按照先相线、后中性线的顺序搭接导线

B. 作业时禁止人体同时接触两根线头

C. 导线转弯符合规范，线束横平竖直、布线整体对称美观合理

D. 螺栓不能压绝缘皮，金属线可适当裸露

173. 常见的低压开关电器触头故障主要包括（ABCD）。

A. 发热   B. 烧毛   C. 熔焊   D. 磨损

174. 低压开关柜常见的故障类型有（ABC）。

A. 内部短路   B. 母线连接处过热

C. 断路器及开关分合不成功   D. 漏电

175. 0.4kV 低压配电柜（房）带电加装智能配电变压器终端时，如作业中邻近不同电位导线或金具时，应采取绝缘隔离措施防止（BC）。

A. 电弧   B. 相间短路

C. 单相接地   D. 漏电

176. 在 0.4kV 配电柜带电作业时，工作负责人指挥工作人员检查气象条件，应无（ABCD）。

A. 雷   B. 雨   C. 雪   D. 大雾

177. 在 0.4kV 配电柜带电作业时，班组成员按（ABC）要求将绝缘工器具放在防潮苫布上。

A. 防潮苫布应清洁、干燥

B. 工器具应按定置管理要求分类摆放

C. 绝缘工器具不能与金属工具、材料混放

D. 所有工器具使用前都应进行耐压试验

178. 在 0.4kV 低压配电柜带电更换低压开关时，现场复勘的目的是在现场确认开展本项作业的各项条件，如（ABCD）。

A. 检修工作任务   B. 地点

C. 低压开关型号 D. 现场装置条件

179. 低压开关柜又叫低压配电屏，是按一定的线路方案将有关低压设备组装在一起的成套配电装置，其结构形式主要有（AC）两类。

A. 固定式 B. 垂直式 C. 抽屉式 D. 封闭式

180. 低压断路器按灭弧介质可以分为（AD）两类。

A. 空气 B. 六氟化硫 C. 变压器油 D. 真空

181. 以下说法正确的是（ABD）。

A. 刀开关在合闸时，应保证三相同时合闸，并接触良好

B. 没有灭弧室的刀开关，不应作负荷开关来分断电流

C. 刀开关做隔离开关使用时，分闸顺序是：应先拉开隔离开关，后拉开负荷开关

D. 有分断能力的刀开关，应按产品使用说明书中的规定的分断负荷能力使用

182. 自动空气断路器的特点是操作安全，分断能力较高。它的结构主要有（ABCD）。

A. 触头系统 B. 灭弧装置
C. 脱扣系统 D. 传动机构

183. 熔断器的作用有（AB）。

A. 过流保护 B. 短路保护
C. 过压保护 D. 欠压保护

184. 空气开关起（ABD）作用。

A. 过流保护 B. 短路保护
C. 过压保护 D. 开断/闭合线路

185. 在 0.4kV 绝缘手套作业法临时电源供电作业中，需要使用到的工器具包括（ABCD）。

A. 绝缘手套 B. 个人电弧防护用品
C. 绝缘放电棒 D. 绝缘隔板

186. 在 0.4kV 绝缘手套作业法临时电源供电作业中，作业人员敷设旁路电缆工作结束后，对旁路电缆接入系统前，还需要进行的工作包括（ABCD）。

A. 检查旁路电缆表面绝缘无明显磨损或破损现象

B. 对待接入的旁路电缆进行绝缘电阻检测，合格后方可投入使用

C. 依次检查各相旁路电缆的额定荷载电流，并对照线路负荷电流，电缆额定荷载电流应大于线路最大负荷电流 1.2 倍

D. 检测绝缘电阻后对待接入的旁路电缆逐相充分放电，确认电缆无电

187. 在 0.4kV 绝缘手套作业法临时电源供电作业中，合上发电机出线开关送电前，需要确认发电机（AC）正常，并向工作负责人报告。

A. 水位　　　　　B. 相位　　　　　C. 油位　　　　　D. 温度

188. 在 0.4kV 绝缘手套作业法临时电源供电作业中，安全注意事项包括（BCD）。

A. 所有人员不应在作业点下方逗留或通过，避免高空落物伤人

B. 三相旁路电缆应分段绑扎固定

C. 拆除旁路作业设备前，应逐相充分放电

D. 低压临时电源接入前应确认两侧相序一致

189. 下列选项中，（ABC）是 0.4kV 绝缘手套作业法临时电源供电作业前需要现场勘察的内容。

A. 确认配电箱站具备发电车低压电缆临时接入条件

B. 检查配电箱站名称及编号，确认箱体无漏电，作业现场满足作业要求

C. 确认发电车容量满足负荷标准

D. 确认配电箱站具备发电车高压电缆临时接入条件

190. 下列关于 0.4kV 绝缘手套作业法临时电源供电作业的说法正确的是（ABCD）。

A. 旁路作业设备的旁路电缆、旁路电缆终端的连接应核对分相标准，保证相色的一致

B. 旁路电缆运行时，应派专人看守、巡视，防止行人碰触，防止重型车辆碾压。

C. 旁路作业设备连接过程中，必须核对相色标记，确认每相连接正确

D. 低压临时电源接入前应确认两侧相序一致

191. 在 0.4kV 绝缘手套作业法临时电源供电作业中，需要（AC）专业的人员参与。

A. 电缆不停电作业人员　　　　B. 变压器试验人员

C. 倒闸操作人员　　　　　　　D. 电缆检修人员

192. 在 0.4kV 绝缘手套作业法临时电源供电作业中，工作人员在（ABCD）

工作时需要佩戴绝缘手套。

A. 验电
B. 核相
C. 倒闸操作
D. 旁路电缆与配电箱连接

193. 下列内容属于 0.4kV 绝缘手套作业法临时电源供电作业的危险点的是（ABCD）。

A. 旁路电缆未设置防护措施及安全围栏，发生行人车辆踩压，造成电缆损伤

B. 旁路电缆、旁路电缆终端的连接过程前后未核对分相标志，导致接线错误

C. 旁路电缆设备绝缘检测后，未进行整体放电或放电不完全，引发人身触电伤害

D. 工作前未检测确认待检供电设备负荷电流造成旁路作业设备过载

194. 在 0.4kV 绝缘手套作业法临时电源供电作业中，（ABCD）是电缆不停电作业人员的工作内容。

A. 旁路系统的使用前绝缘检查
B. 电缆接头与设备连接
C. 核相工作
D. 开关的倒闸操作

195. 架空线路临时取电给配电柜供电作业中，需要用到的作业车辆有（AD）。

A. 低压带电作业车
B. 0.4kV 发电车或应急电源车
C. 移动环网柜车
D. 旁路电缆车

196. 下列属于旁路电缆附属装备的有（ABD）。

A. 防护槽板
B. 防护垫布
C. 绝缘挡板
D. 电缆引线固定支架

197. 架空线路临时取电给配电柜供电作业中，可能用到的绝缘工器具包括（ABCD）。

A. 低压导线遮蔽罩
B. 绝缘毯
C. 绝缘挡板
D. 绝缘放电棒

198. 下列内容属于配电柜临时取电给配电柜供电的危险点的是（ABCD）。

A. 敷设旁路电缆方法错误，旁路电缆与硬物摩擦，导致旁路电缆损坏

B. 作业前未检测确认待供电设备负荷电流，负荷电流过大造成旁路电缆过载

C. 安装旁路电缆接头时，人体串入电路，造成人身触电

D. 临时取电前核对相序，导致相序错误

199. 下列选项中，（ABCD）是 0.4kV 架空线路临时取电给配电柜供电作业前需要现场勘察内容。

A. 核对现场工作线路双重名称、杆号、配电柜双重名称

B. 作业区域地面坚实、平整，符合低压带电作业车辆停放条件

C. 确认负荷电流小于旁路电缆额定电流，超过时应提前转移或减少负荷

D. 检查杆根埋深符合要求，杆身完好无裂纹，基础牢固

三、判 断 题

1.（√）通常所说的低压配电网即指 0.4kV 配电网，供应大部分的民用电与低压用户。

2.（√）对于 10kV 电压等级，不停电作业过程中主要防止电流伤害；0.4kV 电压等级较低，不停电作业过程中主要防止电弧伤害。

3.（√）只要有电荷，其周围就有电场，通过电磁感应就可能对人体或设备带电。

4.（√）带电作业中的工频交流电场是一种变化缓慢的电场，可以视为静电场。

5.（√）处于地电位的作业人员在带电作业时，要时刻注意不要触及对地绝缘的金属部件。

6.（×）气体这种电介质由良导电状态突变为绝缘状态的过程，称为空气击穿（或放电）。

7.（√）在配电线路带电作业中，电场防护可以不考虑（电场场强较低），重点是电流的防护（防止人体触电），以及保证不对人体放电的那段空气间隙（安全距离）要足够大等。

8.（×）在带电作业中，对电流的防护主要是严格限制流经人体的稳态电流不超过人体的感知水平 10mA。

9.（√）带电作业遇到的泄漏电流，主要是指沿绝缘工具（包括绝缘操作杆和承力工具）表面流过的电流。

10.（√）电弧是大量电流流过空气，呈现弧状白光并产生高温的放电现象。

11.（√）配电网不停电作业，是以实现用户不中断供电为目的，采用带电作业、旁路作业等方式对配电网设备进行检修的作业方式。

12.（√）不停电作业强调的是作业目的和服务意识，包括带电作业、旁路作业和临时取电作业在内的各类不停电作业。

13.（√）配电网一般采用闭环设计、开环运行。

14.（×）在城市电网中，0.4kV 线路经常会受到各类通信线路、路灯、指示牌、树木等影响，作业空间狭小，作业环境相较于 10kV 不停电作业更加简单。

15.（×）在进行不停电作业前，工作票签发人或工作许可人应组织现场勘察并填写勘察记录。

16.（×）在 0.4kV 不停电作业中，使用的各类工器具和防护用具可以和 10kV 作业中的通用。

17.（√）当带电断开低压线时，如先断开了中性线，则因各相负荷不平衡使该电源系统中性点出现较大数值的位移电压，造成中性线带电，断开时将会产生电弧，也相当于带电断负荷的情形。

18.（√）当带电断开线路时，应先断相线后断中性线，接通时应先接中性线后接相线。

19.（√）影响空气放电的因素很多，例如电场的均匀程度，间隙上所加电压的波形、湿度、温度等。

20.（√）绝缘工具置于空气之中以及人体与带电体之间充满着空气，在强电场的作用下，沿绝缘工具表面闪络放电或空气间隙击穿放电，也是造成人身弧光触电伤害的一条途径。

21.（√）采用登杆工具进行绝缘杆作业法作业时，杆上作业人员与带电体的关系是：带电体→绝缘杆→作业人员→大地（杆塔）。

22.（×）当安全距离不能得到有效保证时，作业人员应正确穿戴个人绝缘防护用具，用绝缘操作杆按照"从远到近、从上到下"的遮蔽原则对作业范围内不能满足安全距离的带电体和接地体设置绝缘遮蔽措施。

23.（√）0.4kV 与 10kV 绝缘手套作业原理的不同之处在于 10kV 绝缘手套层间绝缘强度不足抵御系统过电压。

24.（√）不停电作业包含带电作业和短时小范围停电作业两种作业方式。

25.（×）可以用相线碰地线的方法检查地线是否接地良好。

26.（×）在带电作业过程中如设备突然停电，作业人员应视为设备已停电可按在停电设备上工作。

27.（√）配电线路带电作业中，作业人员应避免同时接触不同电位的物体。

28.（×）进行接引线作业时，可利用绝缘杆与带电体保持规定的安全距离，带负荷搭接引线。

29.（√）配电线路带电作业人员应会紧急救护法、触电解救法和人工呼吸法。

30.（√）验电前，宜先在有电设备上进行试验，确认验电器良好；无法在有电设备上进行试验时，可用高压发生器等确定证验电器良好。

31.（√）低压断路器是一种重要的控制和保护电器，断路器都装有灭弧装置，因此可以安全地带负荷合、分闸。

32.（√）雷电时，应禁止在屋外高空检修、试验和屋内验电等作业。

33.（×）在带电作业中，对设备进行遮蔽的绝缘遮蔽罩起主绝缘作用。

34.（×）在带电作业中，相间的主绝缘为导线遮蔽罩。

35.（√）带电作业绝缘斗臂车金属外壳接地属于保护接地。

36.（√）当发生人员触电事故时，当发现触电伤员的呼吸和心跳均停止时，应立即采取心肺复苏法进行救援。

37.（×）在带电作业时，必须停用重合闸。

38.（×）在操作过程中地电位人员可直接向中间电位人员传递工具。

39.（√）带电作业的安全性受到气象条件的影响。

40.（√）电力线路发生接地故障时，在接地点周围会产生跨步电压。

41.（√）电击对人体伤害的主要因素是流经人体电流的大小。

42.（√）人体的电灼伤是由电流的热效应引起的。

43.（×）配电线路更换电杆时，拆除导线顺序为先拆除两边相导线，再拆除中相导线。

44.（√）采用间接作业法进行带电作业时，一般不采取电场防护措施。

45.（√）验电应由近到远逐相进行，对于现场既有高压装置也有低压装置者，应该先验低压，后验高压。

46.（√）按照通过人体电流的大小，人体反应状态的不同，可将电流划分为感知电流、摆脱电流和室颤电流。

47.（√）绝缘材料的击穿包括电击穿、电化学击穿和热击穿。

48.（√）旁路作业即通过构建的旁路电缆供电系统，在保持对用户不间断供电的情况下，完成待检修设备停电检修工作，包括计划检修、故障抢修和设备更换等工作，最大限度地缩小停电范围、降低停电对用户的影响。

49.（×）低压配电系统中，树干式配电方式一般用于容量较大的设备。

50.（×）低压配电系统中，放射式配电方式一般用于用电设备布置比较均匀、容量不大又无特殊要求的场合。

51.（×）低压环形配电线路供电可靠性高，一般用于对一、二级负荷供电。

52.（√）保护线 PE 的功能是防止发生触电事故。

53.（√）TT 系统是电源中性点直接接地、用电设备外漏导电部分直接接地的系统。

54.（×）TN 系统是电源中性点直接接地、用电设备外漏导电部分直接接地的系统。

55.（×）低压配电线路三相导线的排列，面向负荷侧从左至右依次为 A、B、N、C。

56.（×）铜具有导电性能好、机械强度高、耐腐蚀性能强等优点，因此架空线路广泛采用铜导线。

57.（×）目前农村低压配电线路常用的横担是木横担和铁横担。

58.（√）单横担通常安装在电杆线路编号的大号（受电）侧。

59.（×）低压接户线的相线和中性线或保护线可以从不同基电杆引下。

60.（√）低压隔离开关的主要用途是隔离电源。

61.（×）装有灭弧室的 HD 系列隔离开关可以切断短路电流。

62.（×）熔断器熔体的额定电流应大于熔断器的额定电流。

63.（√）交流接触器的触点可分为主触点和辅助触点。主触点用于接通或开断电流较大的主电路。

64.（√）电杆基础是对电杆地下设备的总称，主要由底盘、卡盘和拉线盘等组成。

65.（√）拉线绝缘子应装设在最低导线以下，且绝缘子耐压等级必须与线路电压等级相同。

66.（√）并沟线夹适用于在不承受拉力的部位接续。

67.（√）低压装表接电时，应先安装计量装置后接电。

68.（×）220V 的交流电压的最大值为 380V。

69.（×）为了安全可靠，所有开关均应同时控制相线和中性线。

70.（√）额定电压为 380V 的熔断器可用在 220V 的线路中。

71.（√）380V 线路常采用三相四线制。

72.（√）交流三相三线制线路，采用星形接法时，线电流等于相电流。

73.（√）低压进户线与弱电线路必须分开进户，进户线不应有接头。

74.（×）低压电缆的保护层作用是将导电线芯与相邻导体隔开，抵抗电力电流、电压、电场对外界的作业，保证电流沿线芯方向传输。

75.（×）低压熔断器又称自动空气开关、自动开关，是利用空气作为灭弧介质的开关电器。

76.（×）根据互感器的工作原理可分为电磁式、电感式、电容式三种互感器。

77.（×）需接地的设备，容量越大接地电阻应越大。

78.（×）悬式绝缘子销针脱落属于重大缺陷。

79.（×）每件工具或工具构件在绝缘层上应有标志符号，标志符号为三角形。

80.（√）手工工具应妥善贮存在干燥、通风、避免阳光直晒、无腐蚀有害物质的位置，并应与热源保持一定的距离。

81.（×）在下雨、下雪或潮湿天气，在室外使用绝缘棒时，应装有防雨的伞形罩，以使伞上部分的绝缘棒保持干燥。

82.（×）放电棒用于室外各项高电压试验、电容元件试验中，在其断电前，对其积累的电荷进行对地放电，确保人身安全。

83.（×）把配制好的接地线插头插入放电棒的尾端部位的插孔内，将地线的另一端与大地连接，接地要可靠。

84.（√）大电容积累电荷的多少与电容的大小、施加电压的高低和时间的长短成正比。

85.（×）必要时，可以用绝缘夹钳装接地线。

86.（×）用于低压的带电作业工具，一般不需做定期电气试验来鉴定其绝缘性能。

87.（√）绝缘鞋（靴）可作为与地保持绝缘的安全用具。

88.（×）电弧防护服、防护头罩（不含面屏）、防护手套和鞋罩清洗时应使用弱酸性洗涤剂，不得使用肥皂、肥皂粉、漂白粉（剂）洗涤去污，不得使用柔软剂。

89.（×）个人电弧防护用品暴露在电弧能量之后应进行试验，试验合格即可使用。

90.（√）0.4kV 不停电作业中，绝缘遮蔽用具可起到主绝缘保护的作用，作业人员可以碰触绝缘遮蔽用具。

91.（×）接地线安装时应先接配电柜的连接端，再接接地体的连接端；拆除时，正好相反。

92.（×）使用单梯工作时，梯与地面的斜角度约为45°。

93.（×）人在梯上时，可以两人合作移动梯子。

94.（×）相序表检测时，仪器上的四个相序指示灯（绿灯）按逆时针的方向依次亮起，同时仪器发出短鸣声，则所测相线为正相序。

95.（×）绝缘电阻测试仪开路时指针或数字应处于"0"，短路时指针或数字应处于"∞"，则说明表计是良好的，否则表计有误差或损坏。

96.（√）个人电弧防护用品应存放在清洁、干燥、无油污和通风的环境，避免阳光直射。

97.（×）一般纤维绳也可在机械驱动的情况下使用。

98.（×）绝缘隔板安装完毕作业时可适当超出绝缘隔板范围。

99.（√）0.4kV 带电作业前，应用低压声光型验电器检验接地体是否漏电。

100.（×）低压带电作业使用的绝缘梯应坚固完整，有防滑措施，梯子的支柱应能承受攀登时作业人员及所携带的工具、材料的总质量，距梯顶1.2m 处设限高标志，人字梯应有限制开度的措施，人在梯子上时，禁止移动梯子。

101.（√）0.4kV 带电作业中，作业人员在进行高处作业时应使用双背带式或全身式安全带，作业中不得失去保护，安全带不得系在杆上不牢固、可能发生移动或有尖锐面的构件上。

102.（√）作业人员在进行高处作业时应使用双背带式或全身式安全带。

103.（×）低压带电车停放时，如遇软土地面应使用垫块或枕木，垫板重叠不超过 1 块。

104.（√）工作负责人应按配电带电作业工作票内容与值班许可人员联系，履行工作许可手续。

105.（√）低压带电作业车作业前确认液压、机械、电气系统正常可靠，制动装置可靠。

106.（√）低压带电作业前应确认低压接户线（集束电缆、普通低压电缆、铝塑线）为空载状态。

107.（×）低压带电作业过程中对剥皮处导线处理，应涂刷电力复合脂。

108.（×）验电顺序应按照"先接地体、后带电体"顺序进行确认线路外绝缘良好可靠，无漏电情况。

109.（√）上下传递工具，材料均应使用绝缘绳传递，严禁抛、扔。

110.（√）低压带电作业过程中，可使用低压测试仪，通过多次点测不同相与相间电压，明确相线与中性线。

111.（√）作业人员应掌握紧急救护法，特别要掌握触电急救方法。

112.（×）低压带电作业人员登杆前对脚扣、双控背带式安全带进行外观检查后即可登杆。

113.（√）0.4kV 带电接引线时应使用绝缘工具有效控制引线端头；严禁同时接触不同电位，以防人体串入电路造成人身伤害。

114.（×）旁路系统运行前进行耐压试验。

115.（√）低压旁路作业时对拆除的低压旁路电缆逐相充分放电。

116.（）低压旁路开关的断开状态，应用表计测量确认。

117.（√）0.4kV 带负荷处理线夹发热工作前应采用用红外测温仪测量引线线夹温度。

118.（√）低压旁路作业前需检测确认待检修线路负荷电流小于旁路电缆设备额定电流值。

119.（×）新线夹引线安装完毕后拆除旁路引流线。

120.（）低压旁路作业时，开关设备合闸前必须核对相序。

121.（√）解、绑扎线时，剩余扎丝应成卷，边解、绑边收、放，避免扎线过长接触横担。

122.（×）低压带电作业时，地面人员不得在作业区下方通过，避免造成高处落物伤害。

123.（√）低压带电作业完成后，确认作业点无遗留物后，作业电工向工作负责人报告工作完毕，经工作负责人许可后，返回地面。

124.（√）低压带电调整或紧固支架固定螺栓时，墙上螺孔内径若已扩大，应填充有效填充物，确保螺栓紧固。

125.（√）接户线与低压线如系铜线与铝线连接，应采取加装铜铝过渡接头的方法进行连接，接户线在不适宜采用架空敷设的场所，可采用电力电缆。

126.（×）电缆线路与架空线路比较，具有敷设方式多样、占地少、不占或少占用空间、受气候条件和周围环境的影响小、传输性能稳定、投资费用较小、维护工作量较小且整齐美观等优点，因此电缆线路比架空线路更好。

127.（√）禁止带负荷断电缆引线。

128.（×）断开空载电缆引线时，应按照"先中性线、后相线"的顺序依次断开电缆引线。

129.（×）低压电气工作时，拆开的引线、断开的线头应采取胶布包裹等遮蔽措施。

130.（√）在电缆型号中，表示绝缘的字母 YJ 含义是交联聚乙烯。

131.（×）电缆盘可以平卧放置。

132.（√）所有低压电缆（不含架空绝缘电缆）均应用外护套。

133.（×）白蚁危害严重地区选用的挤塑电缆，必须选用较高硬度的外护层。

134.（×）用绝缘电阻表测量电缆的绝缘电阻时，仪表 G 端应当空着。

135.（×）低压三相四线系统中，可以只采用三芯裸铅包电缆的铅皮作为中性线。

136.（√）直埋电缆必须选择带铠装及外护层的电缆。

137.（×）当没有四芯电缆时，可采用带金属铠装或金属护套的三芯电缆外加一根导线的敷设方式。

138.（√）用绝缘电阻表测量电缆的绝缘电阻时，仪表 G 端的测试线应当缠接在被测电缆线芯绝缘的表面。

139.（×）用绝缘电阻表测量电缆的绝缘电阻时，仪表 G 端的测试线应当接地。

140.（×）用绝缘电阻表测量电缆的绝缘电阻时，仪表 G 端的测试线应当接被测导体。

141.（√）电缆护层的作用是保护电缆。

142.（√）带电断开低压电缆引线后，作业人员应及时对裸露的金属端头进行绝缘遮蔽。

143.（×）低压电缆引线全部断开后，作业人员方可拆除电缆端头的绝缘遮蔽。

144.（×）低压电缆带电作业中，带电作业车辆无需接地。

145.（√）接空载电缆引线时，应按照"先中性线、后相线"的顺序依次连接。

146.（√）带电接空载低压电缆引线前，需使用金属刷清除干净接触点氧化层。

147.（√）带电接空载低压电缆引线作业中，应使用绝缘胶布对连接处进行绝缘遮蔽。

148.（×）低压电缆由于电压等级低，电容电流可忽略不计。

149.（×）断、接低压端子引线时，进、出线都应视为带电，只要保持带电体与人体、邻相及接地体的安全距离就不需要进行绝缘遮蔽。

150.（×）空间狭小的柜体内进行 0.4kV 带电作业时，只要相间、相地之间做好可靠的绝缘隔离，无需加强监护。

151.（√）更换电容器前，应断开电容器的空气开关，并对电容器进行逐相充分放电。

152.（√）低压开关电器主要用来切断负荷电流和故障电流。

153.（×）旁路法更换 0.4kV 低压配电柜（房）低压开关，只要确定低压开关已完全旁路短接，可在低压开关闭合状态下进行。

154.（×）带电更换低压开关时，可只对作业范围内的带电体进行必要的遮蔽，并可靠固定。

155.（√）电流互感器的二次侧不能开路、电压互感器的二次侧不能短路。

156.（×）所有电流互感器和电压互感器的二次绕组至少有一点永久的、可靠的保护接地。

157.（√）更换电容器前，应断开电容器的空气开关或接触器。待更换电容器退出运行后，应逐相进行充分放电，验明无电后才能接触。

158.（×）0.4kV 低压配电柜（房）带电新增用户的电缆应绝缘良好，用户侧的空气开关在合闸状态。

159.（√）工作负责人需核对配电房和配电柜的名称和编号，并对装置和作业条件进行复勘。

160.（×）在低压配电柜（房）带电加装智能配电变压器终端时，将控制电缆经出线柜穿线孔穿入低压进线柜后，裸露部分应加强监护。

161.（√）智能终端获取电压信号应在低压配电柜端子排的电压端子上接入。

162.（√）在电流互感器与短路端子之间导线上进行任何工作，必要时申请停用有关保护装置、安全自动装置或自动化监控系统。

163.（×）常用低压断路器由脱扣器、触头系统、传动机构和外壳等部分组成。

164.（√）抽屉式开关柜有较高的可靠性、安全性和互换性，是比较先进的开关柜。

165.（×）在 0.4kV 配电柜作业时，如因工作需要，可将回路的永久接地点临时断开。

166.（√）转换柜的作用是实现对两路低压交流电源的转换，根据配置不同有手动、自动两种转换方式。

167.（√）电容补偿柜的电容器组合闸时，可能会产生很大的合闸涌流。

168.（√）自动断路器跳闸或熔断器烧断时，应查明原因再恢复使用，必要时允许试送电一次。

169.（√）落地式配电箱的底部应抬高，其底座周围应采取封闭措施，并应能防止鼠、蛇类等小动物进入箱内。

170.（×）除配电室外，无遮护的裸导体至地面的距离，不应小于 3m。

171.（√）电弧放电的特点是电压不高、电流较大。

172.（×）自动空气断路器和接触器一样，不允许切断短路电流。

173.（√）在 0.4kV 临时电源供电工作中，电缆不停电作业人员负责敷设及回收旁路电缆，连接旁路电缆接头以及核相工作。

174.（√）发电车出线电缆与发电车连接时，发电车出线开关应处于分断位置。

175.（×）进行配电柜内连接旁路电缆的工作时，作业人员应穿着不小于 $6.8cal/cm^2$ 的防电弧套装。

176.（×）在对旁路系统进行绝缘电阻测试时，应选用 2500V 绝缘电阻表或将绝缘电阻表选择 2500V 挡位。

177.（√）旁路作业设备使用前应进行外观检查并对组装好的旁路电缆、旁路电缆终端等进行绝缘电阻检测，合格后方可投入使用。

178.（×）敷设旁路电缆方法与普通电缆相同，无须将旁路电缆离开地面整体敷设。

179.（√）在交通路口敷设旁路电缆作业时应采用防护槽板对电缆进行保护或采用架空敷设旁路电缆的方法。

180.（×）在 0.4kV 临时电源供电工作中，绝缘手套、个人电弧防护用品以及绝缘隔板均属于个人防护用具。

181.（×）旁路电缆可直接敷设在地面上。

182.（×）在 0.4kV 临时电源供电工作中，应最后合上发电机出线开关完成取电。

183.（√）在 0.4kV 临时电源供电工作中，为低压旁路电缆充电后，应先在旁路电缆连接的配电柜低压出线开关两侧核相，确认相序正确后断开低压配电柜总开关，之后合上低压出线开关，完成临时电源供电工作。

184.（√）在 0.4kV 临时电源供电工作中，合上低压出线开关完成临时供电后，应使用钳形电流表依次检查各相旁路电缆的实际电流并对照线路负荷电流，确认发电车临时供电正常。

185.（√）在 0.4kV 临时电源供电工作中，作业人员在进行配电箱内的工作时，应注意各相带电体之间的安全距离，当不满足安全距离要求时，应加装绝缘隔板或采用其他有效绝缘遮蔽措施。

186.（×）低压旁路电缆从配电箱拆下后，可组织工作人员直接拆除旁路电缆。

187.（×）低压旁路电缆从配电箱拆下后，箱体充分放电后，方可组织工作人员直接拆除旁路电缆。

188.（√）在 0.4kV 临时电源供电工作中，低压旁路电缆敷设完毕后，待确认发电机水位油位正常后，即可启动发电机。

189.（√）在 0.4kV 临时电源供电工作中，现场勘察时，应确认作业点周围环境满足发电车以及低压旁路电缆的敷设条件，待接入配电箱的低压开关型号、最大额定电流满足临时供电需求，低压开关的接线端子与旁路电缆连接鼻子合适。

190.（√）在 0.4kV 临时电源供电工作中，倒闸操作人员主要负责各开关设备的倒闸操作，需要穿戴绝缘手套和个人电弧防护用品。

191.（√）旁路电缆运行期间，应派专人看守、巡视，防止行人触碰，防止重型车辆碾压电缆保护槽板。

192.（√）在 0.4kV 临时电源供电工作中，现场复勘的内容包括确认待供电负荷情况及电流情况，确认旁路设备的额定容量和旁路系统通流能力满足要求。

193.（√）开展架空线路临时取电给配电柜供电作业时，应使用配电带电作业工作票。

194.（×）进行低压旁路电缆与架空线路连接工作时，为了保证安全，斗内人员应穿着不小于 27.0cal/cm^2 的防电弧套装进行作业。

195.（√）开展架空线路临时取电给配电柜供电作业时，当斗内人员拆除旁路电缆与运行设备连接后，应立即对旁路系统进行逐相充分放电并验电，确认无残留电荷后，方可将旁路电缆放至地面。

196.（×）开展架空线路临时取电给配电柜供电作业时，旁路系统与运行设备的连接顺序为，先接架空线路端旁路电缆，后接配电柜端旁路电缆。

197.（×）开展架空线路临时取电给配电柜供电作业时，装设在电杆上的旁路电缆支架的作用是防止旁路电缆摆动。

四、简答题

1. 0.4kV 配电网不停电作业有哪些类别？（5分）

答：（1）架空线路作业；（1分）

（2）电缆线路作业；（1分）

（3）配电柜（房）作业；（1分）

（4）低压用户作业。（2分）

2. 绝缘杆作业原理是什么？（5分）

答：（1）绝缘杆作业法是指作业人员与带电部分保持一定距离，用绝缘工具进行作业。（1分）

（2）相与地之间，绝缘杆为主绝缘；（2分）

（3）相与相之间，空气间隙为主绝缘。（2分）

3. 绝缘手套作业原理是什么？（5分）

答：（1）绝缘手套作业是指作业人员通过绝缘手套并与周围不同电位适当隔离保护的直接接触带电体所进行的作业。（2分）

（2）0.4kV 配电网不停电作业过程中，绝缘手套可以作为主绝缘。（1分）

（3）与绝缘鞋、绝缘披肩、绝缘安全帽、绝缘斗、绝缘臂共同构成多重绝缘组合，而且必须至少与绝缘鞋、绝缘斗、绝缘臂构成双重绝缘。（2分）

4. 带电断、接低压导线有哪些安全要求？（5分）

答：（1）带电断、接低压导线应有人监护。（1分）

（2）断、接导线前应核对相线（火线）、中性线。（1分）

（3）断开导线时，应先断开相线（火线），后断开中性线。（1分）

（4）搭接导线时，顺序应相反。（1分）

（5）禁止人体同时接触两根线头，禁止带负荷断、接导线。（1分）

5. 0.4kV 配电网线路有哪些？（5分）

答：（1）0.4kV 配电网线路可分为低压架空线路、低压架空绝缘线路、低压电缆线路和室内配电线路四种。（2分）

（2）低压架空线路、低压架空绝缘线路和低压电缆线路一般用于室外，直接向室外用电设备和室内低压配电系统供电。（2分）

（3）室内配电线路包括工业与民用建筑物内接到各种用电设备的固定线路。（1分）

6. 什么是配电柜（房）作业？（5分）

答：（1）配电柜（房）作业是针对低压配电房内常见的柜内异物、熔丝烧断、设备损坏等问题。（2分）

（2）在低压配电房内开展不停电作业，包括配电柜消缺、配电房母排绝缘遮蔽维护、更换设备等。（2分）

（3）解决低压配电房检修造成用户大面积、长时间停电问题。（1分）

7. 什么是单相触电？（5分）

答：（1）单相触电，是指人体接触到地面或其他接地导体的同时，人体另一部分触及某一相带电体所引起的电击。（2分）

（2）发生电击时，所触及的带电体为正常运行的带电体时，称为直接接触电击。（2分）

（3）而当用电设备发生事故，人体触及意外带电体所发生的电击成为间接接触电击。（1分）

8. 静电感应和电场的危害有哪些？（5分）

答：（1）人在带电体附近工作时，由于电场的静电感应而对人的身体或精神上产生的风吹、针刺等不舒适之感，以及静电感应产生的暂态电击的伤害；（2分）

（2）在强电场下的沿绝缘工具表面闪络放电或相对地的空气间隙击穿放电的伤害。（1分）

（3）这种气体放电的电弧和电流与绝缘工具的泄漏电流相比，其危害程度要严重得多。（2分）

9. 什么是架空线路作业？什么是电缆线路作业？（5分）

答：（1）架空线路作业是指在低压架空线路不停电的情况下进行不停电作业。（1分）

（2）包括简单消缺、接户线及线路引线断接操作、低压线路设备安装更换等，解决低压架空线路检修造成用户停电问题。（1分）

（3）电缆线路作业指在低压电缆线路上开展低压电缆线路不停电作业。（1分）

（4）包括断接空载电缆引线、更换电缆分支箱等，解决低压电缆线路检修造成用户长时间停电问题。（2分）

10. 什么是两相触电？（5分）

答：（1）两相触电（相间短路），是指人体的两个部位同时触及两相带电体所引起的电击。（2分）

（2）两相触电不论电网是否中性点接地，也不论人体与大地是否绝缘，触电的情形都一样。（1分）

（3）在此情况下，人体同时与两相导线接触时，人体所承受的电压为三相系统中的线电压，即电流将从一相导线通过人体流至另一相导体，这种情况的危险性非常大。（2分）

11. 简述放射式、树干式、环式三种配电网连接方式的优缺点。（5分）

答：（1）放射式。是指由总配电箱直接供电给分配电箱或负荷的配电方式。其优点是：配电线路相对独立，发生故障互不影响，供电可靠性高；配电设备比较集中，便于维修。但由于放射式接线要求在变电站低压侧设置配电盘，这就导致系统发热灵活性差，再加上干线较多，线材消耗也较多。（2分）

（2）树干式。树干式接线不需要在变电站低压侧设置配电盘，而是从变电站低压侧的引出线经过空气开关或隔离开关直接引至室内。这种配电方式使变电站低压侧结构简化，减少电气设备需用量，线材的消耗也减少，更重要的是提高了系统的灵活性。但这种接线方式的主要缺点是，当干线发生故障时，停电范围很大。（1分）

（3）环式。环式接线又分为闭环和开环两种运行状态。当闭环运行时，任一段线路发生故障或停电检修时，都可以由另一侧线路继续供电，可见闭环运行供电可靠性高，电压损失和电能损失也较小。但是闭环运行的保护整定相当复杂，如配合不当，容易发生保护误动作，使事故停电范围扩大。因此，在正常情况下，一般不用闭环运行，而采用开环运行。但开环情况下发生故障会中断供电，所以环形配电线路一般只适用于对二、三级负荷的供电。（2分）

12. 简述架空绝缘导线的主要优缺点。（5分）

答：与裸导线相比，绝缘导线电力线路的主要优点有：

（1）有利于改善和提高配电系统的安全可靠性，减少人身触电伤亡危险，防止外物引起的相间短路，减少双回或多回线路时的停电次数，减少维护工作量，减少因检修而停电的时间，提高了线路的供电可靠性。（1分）

（2）有利于城镇建设和绿化工作，减少线路沿线树木的修剪量。（0.5分）

（3）可以简化线路杆塔结构，甚至沿墙敷设，既节约了线路材料，又美化了环境。（0.5分）

（4）节约了架空线路所占空间，缩小线路走廊，与裸导线相比，线路走廊可缩小1/2。（0.5分）

（5）节约线路电能损失，降低电压损失，线路电抗仅为普通裸导线线路电抗的1/3。（0.5分）

（6）减少导线腐蚀，因而相应提高导线的使用寿命和配电可靠性。（0.5分）

（7）降低了对线路支持件的绝缘要求，提高同杆线路回路数。（0.5分）

缺点是：架空绝缘导线的允许载流量比裸导线小，易遭受雷电流侵害，由于加上塑料层后，导线的散热性较差。因此，架空绝缘导线通常选型时应比平时高一个档次，这样就导致线路的单位造价高于裸导线。（1分）

13. 绝缘子与横担安装的注意事项有哪些？（5分）

答：绝缘子与横担安装时应注意以下事项：

（1）绝缘子的额定电压应符合线路电压等级要求，安装前检查有无损坏，并测试其绝缘电阻值。（2分）

（2）紧固横担和绝缘子等各部分的螺栓直径应大于16mm，绝缘子与铁横担之间应垫一层薄橡皮，以防紧固螺栓时压碎绝缘子。（1分）

（3）螺栓应由上向下插入绝缘子中心孔，螺母要拧在横担下方，螺栓两端均需套垫圈。（1分）

（4）螺母需拧紧，但不能压碎绝缘子。（1分）

14. 简述电缆三个主要组成部分的作用。（5分）

答：（1）导线线芯。导线线芯用来输送电流，具有高导电性、一定抗拉强度和伸长率、良好的耐腐蚀性以及便于加工制造等性能。（1分）

（2）绝缘层。绝缘层的作用是将导线线芯与相邻导体以及保护层隔离，抵抗电力电流、电压、电场对外界的作用，保证电流沿线芯方向传输。绝缘的好坏直接影响电缆运行的质量。（2分）

（3）保护层。保护层简称护层，它是为了使电缆适应各种使用环境的要求，在绝缘层外面施加的保护覆盖层。其主要作用是保护电缆在敷设和运行过程中，免遭机械损伤和各种环境因素，如水、日光、生物、火灾等的破坏，以保持长时间稳定的电气性能。所以，电缆的保护层直接关系电线电缆的寿命。（2分）

15. 简述熔断器的工作原理。

答：熔断器一般由金属熔体、连接熔体的触点装置和外壳组成。（1分）

熔体是熔断器的核心部件，一般由铅、合金、锌、铝、铜等金属材料制成。由于熔断器是利用熔体熔化切断电路，因此要求熔体的材料熔点低、导电性能好、不易氧化和易于加工。（1分）

当电路正常运行时，流过熔断器的电流小于熔体的额定电流，熔体正常发热温度不会使熔体熔断，熔断器长期可靠运行；当电路过负荷或短路时，流过熔断器的电流大于熔体的额定电流，熔体熔化切断电路。（3分）

16. 低压验电笔的使用方法和注意事项是什么？（5分）

答：（1）使用低压验电笔验电时，应以手指触及笔尾的金属体，使氖管小窗口或液晶显示窗背光朝向自己。（1分）

（2）使用前，先要在有电的导体上检查电笔是否正常发光，检验其可靠性。（1分）

（3）在明亮的光线下往往不容易看清氖泡的辉光，应注意避光。（1分）

（4）低压验电笔可以用来区分相线和中性线，氖泡发亮的是相线，不亮的是中性线。（1分）

（5）低压验电笔可用来判断电压的高低。氖泡越暗表明电压越低；氖泡越亮，则表明电压越高。（1分）

17. 个人电弧防护用品出现什么情况后应报废？（5分）

答：符合以下其中一项即应报废：

（1）损坏并无法修补的个人电弧防护用品应报废。（2分）

（2）个人电弧防护用品一旦暴露在电弧能量之后应报废。（3分）

18. 不停电作业工具使用前应进行哪些检查？（5分）

答：（1）工具在经储存和运输之后应无损伤（例如：工具的绝缘表面应无孔洞、无撞伤、无擦伤和无裂缝等）。（1分）

（2）工具应是洁净的。（1分）

（3）工具的可拆卸部件或各组件经装配后应是完整的。（2分）

（4）工具应能正确操作（例如：工具应转动灵活无卡阻、锁位功能正确等）。（1分）

19. 什么是包覆绝缘手工工具和绝缘手工工具？（5分）

答：（1）包覆绝缘手工工具：由金属材料制成，全部或部分包覆有绝缘材料的手工工具。（2分）

（2）绝缘手工工具：除了端部金属插入件以外，全部或主要由绝缘材料制成的手工工具。（3分）

20. 低压核相仪的使用方法和注意事项是什么？（5分）

答：（1）在低压架空线路上，常采用无线核相仪核相，手拿着 XY 发射器绝缘部分，接触 380V 线路，主机显示线路是否同相。（2分）

（2）在配电柜和配电箱中，常采用万用表进行核相。（1分）

（3）分别测已知相与校核相之间的电压，其同相电压接近 0V 或很小，非同相电压差接近 380V。（2分）

21. 个人电弧防护用品的使用有何注意事项？（5分）

答：（1）个人电弧防护用品应根据使用场合合理选择和配置。（1分）

（2）使用前，检查个人电弧防护用品应无损坏、无沾污。检查应包括防电弧服各层面料及里料、拉链、门襟、缝线、扣子等主料及附件。（1分）

（3）使用时，应扣好防电弧服纽扣、袖口、袋口、拉链，袖口应贴紧手腕部分，没有防护效果的内层衣物不准露在外面。分体式防护服必须衣、裤成套穿着使用，且衣、裤必须有重叠面，重叠面不少于 15cm。（2分）

（4）使用后，应及时对个人电弧防护用品进行清洁、晾干，避免沾染油及其他易燃液体，并检查外表是否良好。（1分）

22. 旁路接地线安装时有何注意事项？（5分）

答：（1）作业前，应检查旁路接地线的表面无损伤，连接部位连接可靠。

（1分）

（2）安装时应戴绝缘手套，穿绝缘鞋。（1分）

（3）安装时应先接接地体的连接端，再接配电柜的连接端；拆除时，正好相反。（2分）

（4）安装应牢固、连接可靠。（1分）

23. 防电弧服的工作原理是什么？（5分）

答：防电弧服一旦接触到电弧火焰或炙热时，（1分）内部的高强低延伸防弹纤维会自动迅速膨胀，（1分）从而使面料变厚且密度变高，（1分）防止被点燃并有效隔绝电弧热伤害，（1分）形成对人体保护性的屏障。（1分）

24. 发电车快速接入装置箱的主要作用是什么？（5分）

答：发电车快速接入装置箱作为固定安装的设备，（1分）其与配电柜（箱）、用户之间有固定的电气联接，（1分）并配备有快速连接器，当用户因故失电后，（1分）发电车等临时供电装置可快速接入本装置箱，（1分）实现短时间内恢复供电。（1分）

25. 绝缘梯的使用方法和注意事项是什么？（5分）

答：（1）使用梯子前，必须仔细检查梯子表面、零配件、绳子等是否存在裂纹、严重的磨损及影响安全的损伤。（1分）

（2）使用梯子时应选择坚硬、平整的地面，以防止侧歪发生危险；如果梯子使用高度超过5m，请务必在梯子中上部设立拉线。（1分）

（3）梯子应坚固完整，有防滑措施。梯子的支柱应能承受攀登时人员及所携带的工具、材料的总质量。（1分）

（4）单梯的横担应嵌在支柱上，并在距梯顶1m处设限高标志。使用单梯工作时，梯与地面的斜角度约为60°。（1分）

（5）梯子不宜绑接使用。人字梯应有限制开度的措施。（0.5分）

（6）人在梯上时，禁止移动梯子。（0.5分）

26. 低压带电作业前，领用绝缘工器具，安全用具及辅助器具时，应注意什么？（5分）

答：领用绝缘工器具，安全用具及辅助器具，应核对工具的使用电压等级（2分）和试验周期（2分），并检查外观完好无损（1分）。

27. 操作人员支放低压带电作业车支腿，作业人员对支腿情况进行检查，向工作负责人汇报检查结果。检查标准有哪些？（5分）

答：（1）不应支放在沟道盖板上。（1分）

（2）软土地面应使用垫块或枕木，垫板重叠不超过 2 块。（1分）

（3）支撑应到位。车辆前后、左右呈水平；支腿应全部伸出，整车支腿受力，车轮离地。（3分）

28. 低压带电作业现场勘查有哪些内容？（5分）

答：低压带电作业现场勘察包括：线路运行方式（1分）、杆线状况（1分）、设备交叉跨越状况（1分）、现场道路是否满足作业要求（1分），以及存在的作业危险点等（1分）。

29. 请简述带电断低压空载电缆引线作业步骤。

答：（1）作业人员到达作业位置。（0.5分）

（2）验电。（0.5分）

（3）检测电流。（1分）

（4）设置绝缘遮蔽措施。（0.5分）

（5）断电缆线路引线。（0.5分）

（6）拆除主导线绝缘遮蔽措施。（0.5分）

（7）电缆引线放电。（0.5分）

（8）拆除电缆引线遮蔽工具。（0.5分）

（9）离开作业区域，作业结束。（0.5分）

30. 请简述带电接低压空载电缆引线作业步骤。（5分）

答：（1）作业人员到达作业位置。（0.5分）

（2）验电。（1分）

（3）设置绝缘遮蔽措施。（1分）

（4）清除氧化层。（1分）

（5）接电缆线路引线。（0.5分）

（6）拆除绝缘遮蔽措施。（0.5分）

（7）离开作业区域，作业结束。（0.5分）

31. 电缆敷设方式有很多，请列举至少 7 种。（5分）

答：直接埋在地下、安装在架空钢索上、安装在地下隧道内、安装在电缆沟内、安装在排管内、安装在建筑物墙上、安装在天棚上、安装在桥梁构架上、敷设在水下等。（列举 7 种得 5 分，少一种扣 1 分）

32. 工作负责人指挥工作人员检查配电柜是否具备带电作业条件，应检查确

认的内容是？（5分）

答：（1）检查电气设备及导线的陈旧或老化程度，不会因为移动、换位等操作造成绝缘层脱落或开关设备手柄段落等现象。（1分）

（2）配电柜内是否有绝缘遮蔽及带电操作的空间裕度，是否有备用仓，临时设备安装及接线位置等。（2分）

（3）绝缘遮蔽工具尺寸和形式是否满足现场要求等。（2分）

33. 简述低压配电柜（房）带电新增用户出线的作业施工步骤。（5分）

答：（1）进入带电作业区域。（0.5分）

（2）验电。（1分）

（3）核对电源接入位置。（0.5分）

（4）检查安全措施。（0.5分）

（5）设置绝缘遮蔽、隔离措施。（0.5分）

（6）核对相线、中性线。（0.5分）

（7）对待接入电缆端子进行绝缘包裹。（0.5分）

（8）搭接导线。（0.5分）

（9）拆除绝缘遮蔽、隔离措施。（0.5分）

34. 简述低压配电柜（房）带电加装智能配电变压器终端的施工步骤。（5分）

答：（1）验电。（0.5分）

（2）进线柜设置绝缘隔离。（0.5分）

（3）固定电压采集线。（0.5分）

（4）安装进线柜电流互感器。（0.5分）

（5）取端子接线排内短接片。（0.5分）

（6）进线柜取电压操作。（0.5分）

（7）拆除进线柜绝缘隔离装置。（0.5分）

（8）验电。

（9）出线柜设置绝缘隔离。（0.5分）

（10）安装出线柜电流互感器。（0.5分）

（11）出线柜电压采集。

（12）拆除出线柜绝缘遮蔽装置。（0.5分）

（13）检验。

35. 低压成套开关设备的含义是什么？（5分）

答：有一个或多个低压开关设备和与之相关的控制、测量、信号、保护、调节等设备。（2.5 分）由制造厂家负责完成所有内部的电气和机械的连接，用结构部件完整地组装在一起的一种组合体。（2.5 分）

36. 0.4kV 配电柜中的断路器主要功能是什么？（5 分）

答：能接通、（1 分）承载（1 分）以及分断正常电路条件下的电流，（1 分）也能在所规定的非正常电路下接通，（1 分）承载一定时间和分断电流。（1 分）

37. 在低压配电系统中，如果有两个低压进线柜或一个低压进线柜上有两个自动开关，需要加装互锁装置。请问互锁装置是什么，它实现的手段主要有哪几种？（5 分）

答：低压配电设备控制中互锁主要是为保证电器安全运行而设置的，主要由两电器件互相控制而形成互锁。（2 分）它实现的手段主要有三个：一个是电气互锁，二是机械互锁，三是电气机械联动互锁。（3 分）

38. 旁路电缆在接入前应进行的外观检查和绝缘检测内容有哪些？（5 分）

答：（1）检查旁路电缆参数，确认电缆额定荷载电流大于线路最大负荷电流的 1.2 倍。（2 分）

（2）对旁路电缆进行外观检查，旁路电缆表面应无明显磨损或破损现象。（1 分）

（3）旁路电缆组装完成后对其绝缘电阻进行检测，检测后需要对旁路电缆逐相充分放电，确认电缆无电后向工作负责人报告。（2 分）

39. 0.4kV 临时电源供电，现场勘查的内容有哪些？（5 分）

答：（1）查看配电箱站名称及编号，确认箱站外壳有无漏电现象，箱站内低压开关型号、额定电流满足旁路电缆连接要求。（2 分）

（2）检查负荷情况，确认发电车容量满足负荷要求。（1 分）

（3）作业范围内地面坚实、平整，符合 0.4kV 发电车或应急电源车停放条件，周围环境符合旁路电缆敷设条件，以及所需旁路电缆的长度。（2 分）

40. 架空线路（配电柜）临时取电给配电柜供电作业，现场勘查的内容有哪些？（5 分）

答：（1）查看配电箱站名称及编号，确认箱站外壳有无漏电现象，箱站内低压开关型号、额定电流满足旁路电缆连接要求。（2 分）

（2）检查线路、杆塔双重名称、杆号，以及杆塔基础牢固，埋深符合要求，杆身完好无裂纹。（1分）

（3）作业范围内地面坚实、平整，符合低压带电作业车停放条件，周围环境符合旁路电缆敷设条件，以及所需旁路电缆的长度。（2分）

五、识绘图题

1. 如图 5-1（a）和图 5-1（b）所示，一个带正电的点电荷和一个带负电的点电荷，请分别画出两种点电荷的电场分布及方向。（5 分）

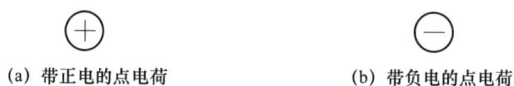

(a) 带正电的点电荷　　　　　　　(b) 带负电的点电荷

图 5-1　题 1 图

答：如图 5-2（a）及图 5-2（b）所示。

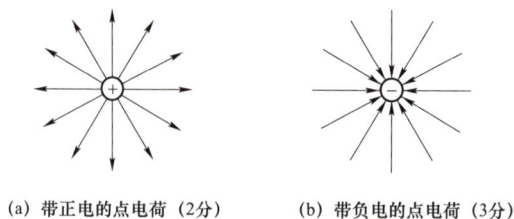

(a) 带正电的点电荷（2 分）　　　　(b) 带负电的点电荷（3 分）

图 5-2　题 1 答案

2. 如图 5-3 所示，一空腔导体放在静电场中，将一带正电的导体放在空腔中，请分别画出空腔导体不接地和接地时，空腔内外感应电荷以及电场分布情况。（5 分）

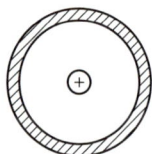

图 5-3　空腔导体内带正电的导体

答：如图 5-4（a）及图 5-4（b）所示。

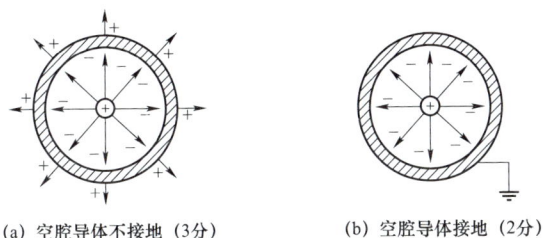

(a) 空腔导体不接地（3分）　　　　(b) 空腔导体接地（2分）

图 5-4　题 2 答案

3. 如图 5-5 所示，两个等量同种点电荷，请画出两个等量同种点电荷的电场分布及方向。（5 分）

图 5-5　两个等量同种点电荷

答：如图 5-6 所示。

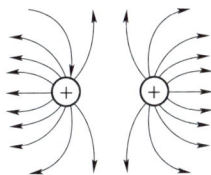

图 5-6　两个等量同种点电荷的电场分布及方向

4. 如图 5-7 所示，两个带异种电荷的平行金属板，请画出两个带异种电荷的平行金属板的电场分布及方向。（5 分）

图 5-7　两个带异种电荷的平行金属板

答：如图 5-8 所示。

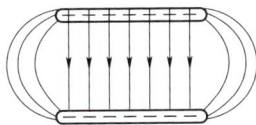

图 5-8　两个带异种电荷的平行金属板的电场分布及方向

5. 如图 5-9 所示，带正电直导线与大地，请画出带正电直导线与大地之间的电场分布及方向。（5分）

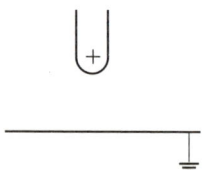

图 5-9　带正电直导线与大地

答：如图 5-10 所示。

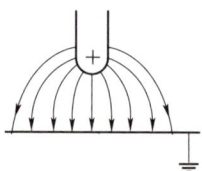

图 5-10　带正电直导线与大地之间的电场分布及方向

6. 如图 5-11 所示，绝缘杆作业法示意图，请画出绝缘杆作业法等效电路图。（5分）

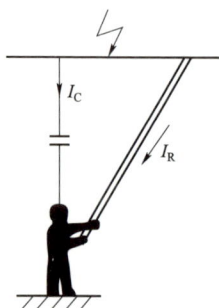

图 5-11　绝缘杆作业法示意图

答：如图 5-12 所示。

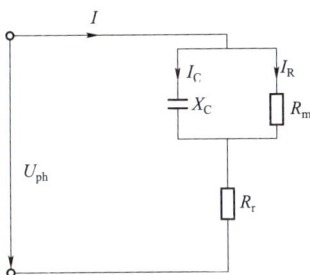

图 5 - 12　绝缘杆作业法等效电路图

7. 如图 5 - 13 所示，画出通电螺线管周围的磁力线的方向。（5 分）

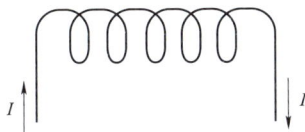

图 5 - 13　通电螺线管

答：如图 5 - 14 所示。

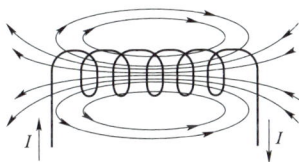

图 5 - 14　通电螺线管周围的磁力线的方向

8. 如图 5 - 15 所示为人体对地绝缘时静电感应使人体遭受电击的情况示意图，请在图 5 - 8 的基础上画出人体与架空线路等效电容 C_1 和人体与大地等效电容 C_0。（5 分）

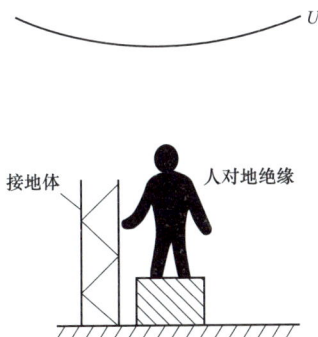

图 5 - 15　人体对地绝缘时静电感应使人体遭受电击的情况示意图

答：如图 5-16 所示。

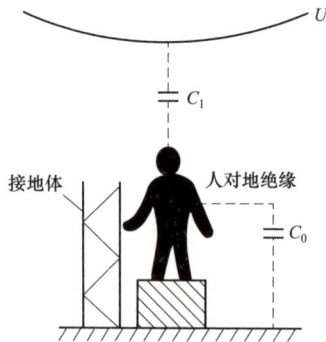

图 5-16　人体与架空线路等效电容 C_1（2分）和人体与大地等效电容 C_0（3分）

9. 如图 5-17 所示为人体处于地电位时静电感应使人体遭受电击的情况示意图，请在图 5-9 的基础上画出对地绝缘导体与架空线路等效电容 C_1 和对地绝缘导体与大地等效电容 C_0。（5分）

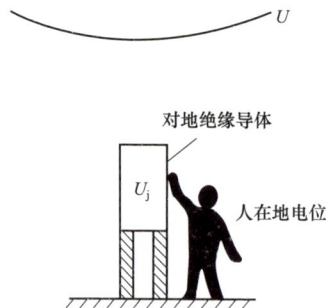

图 5-17　人体处于地电位时静电感应使人体遭受电击的情况示意图

答：如图 5-18 所示。

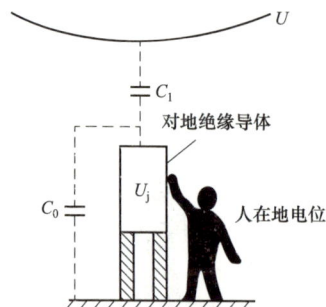

图 5-18　对地绝缘导体与架空线路等效电容 C_1（2分）和
对地绝缘导体与大地等效电容 C_0（3分）

10. 如图 5-19 所示为斗臂车绝缘臂泄漏电流检测试验布置图，请完成图中的接线。（5 分）

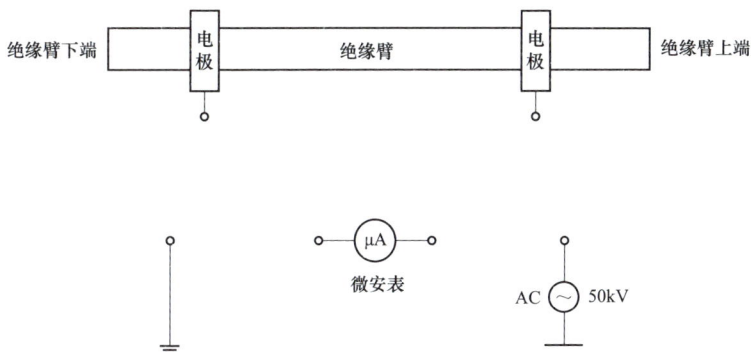

图 5-19　斗臂车绝缘臂泄漏电流检测试验布置图

答：如图 5-20 所示。

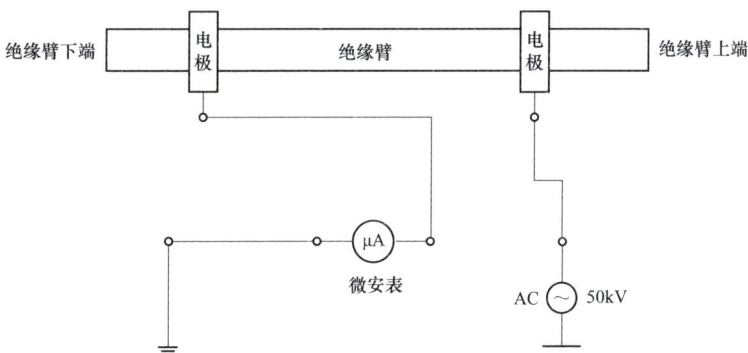

图 5-20　斗臂车绝缘臂泄漏电流检测试验布置图

11. 试画出低压配电线路三种基本配电方式图。（5 分）

答：如图 5-21 所示。

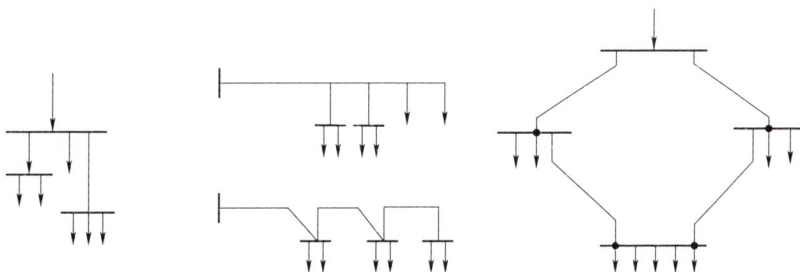

(a) 放射式（1分）　　　(b) 树干式（2分）　　　(c) 环式（2分）

图 5-21　低压配电线路基本配电方式

12. 试画出 TT 系统接地示意图。（5 分）

答：如图 5-22 所示。

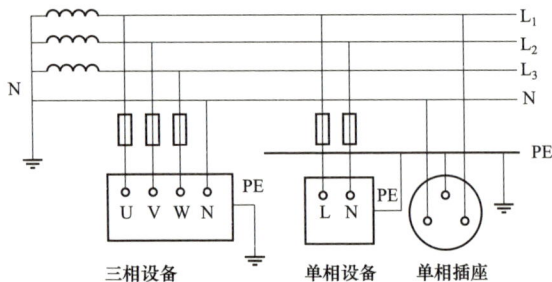

图 5-22　TT 系统接地示意图

13. 试画出 TN-C 系统接地示意图。（5 分）

答：如图 5-23 所示。

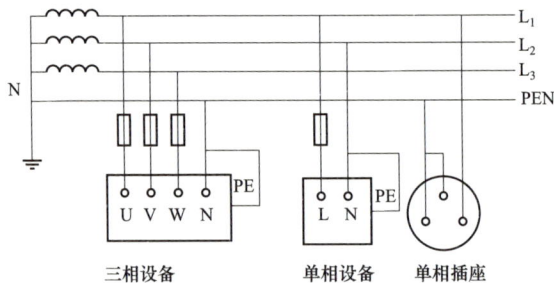

图 5-23　TN-C 系统接地示意图

14. 试画出 TN-C-S 系统接地示意图。（5 分）

答：如图 5-24 所示。

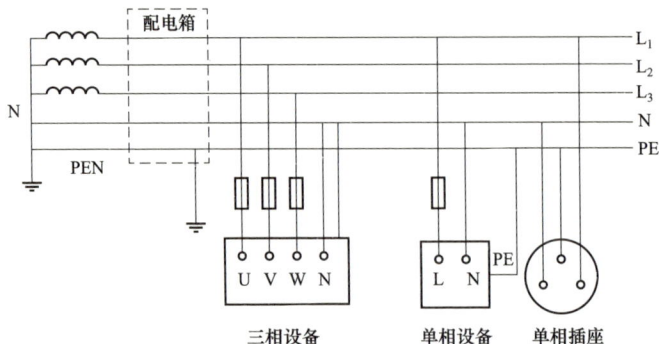

图 5-24　TN-C-S 系统接地示意图

15. 试根据图 5-25 低压架空线路结构写出图中数字所代表的名称。（5 分）

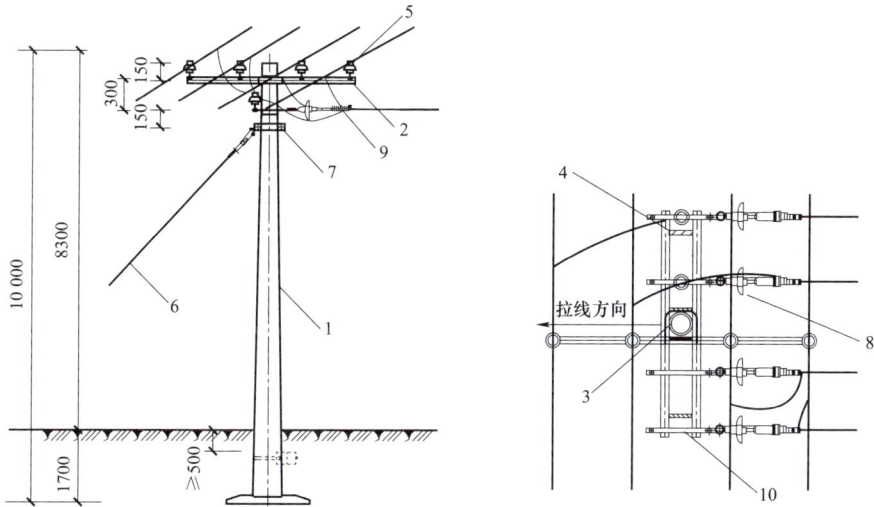

图 5-25　典型低压架空线路结构

答：1—水泥杆（0.5 分）；2—四线横担（0.5 分）；3—U 形抱箍（0.5 分）；4—螺栓（0.5 分）；5—低压绝缘子（0.5 分）；6—拉线（0.5 分）；7—拉线抱箍（0.5 分）；8—低压绝缘子耐张串（0.5 分）；9—线夹（0.5 分）；10—联板（0.5 分）。

16. 识别图 5-26 中的拉线类型。（5 分）

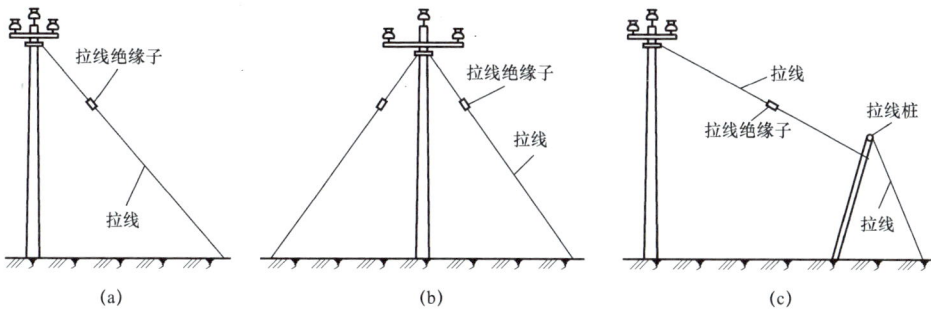

图 5-26　拉线类型（一）

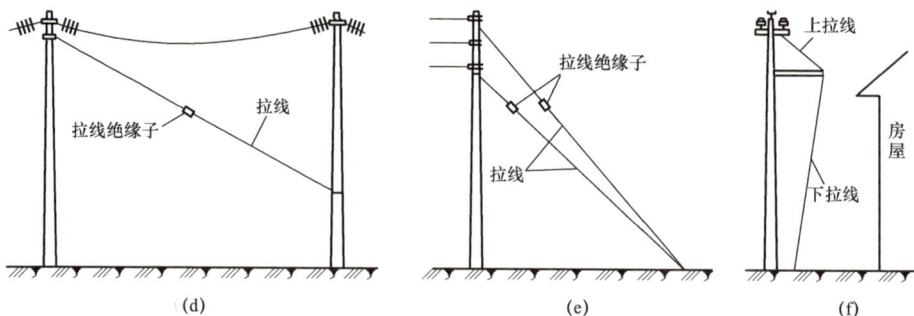

图 5-26　拉线类型（二）

答：（a）普通拉线（0.5 分）；（b）人字拉线（0.5 分）；（c）水平拉线（1 分）；（d）共用拉线（1 分）；（e）V 形拉线（1 分）；（f）弓形拉线（1 分）。

17. 识别图 5-27 中绝缘子类型。（5 分）

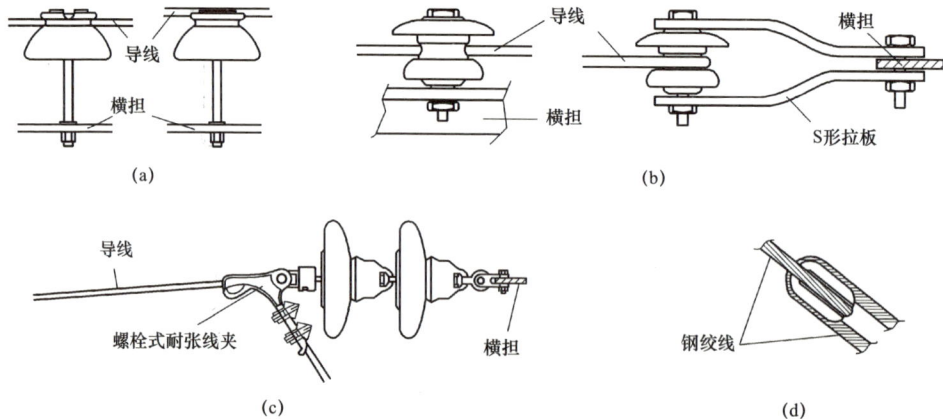

图 5-27　绝缘子类型

答：（a）针式绝缘子（1 分）；（b）蝶式绝缘子（1 分）；（c）悬式绝缘子（1 分）；（d）拉线绝缘子（2 分）。

18. 识别图 5-28 中常见拉线金具。（5 分）

答：（a）楔形线夹（0.5 分）；（b）UT 线夹（0.5 分）；（c）拉线抱箍（1 分）；（d）延长环（1 分）；（e）钢线卡（1 分）；（f）U 形挂环（1 分）。

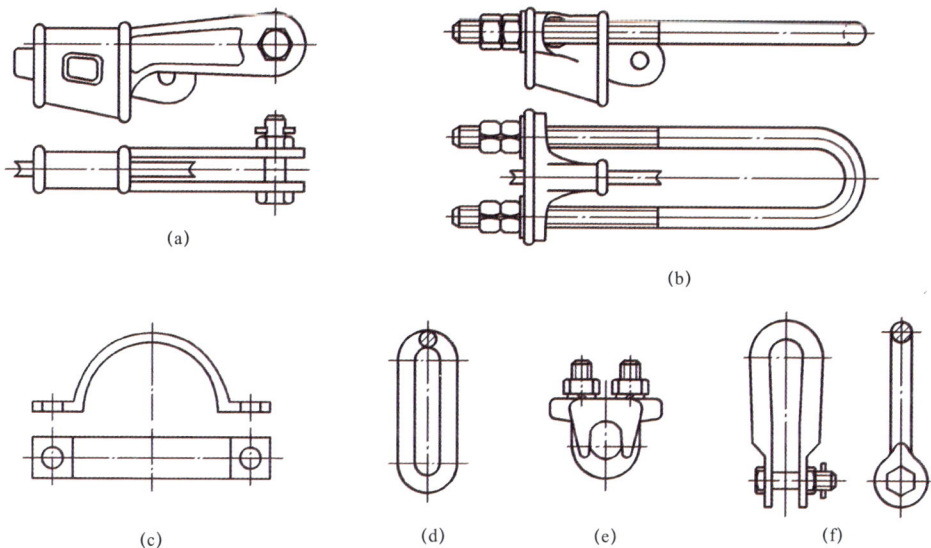

(a)

(b)

(c)　　　　　(d)　　　(e)　　　　　(f)

图 5-28　常见拉线金具

19. 根据图 5-29 简述交流接触器的工作原理。（5 分）

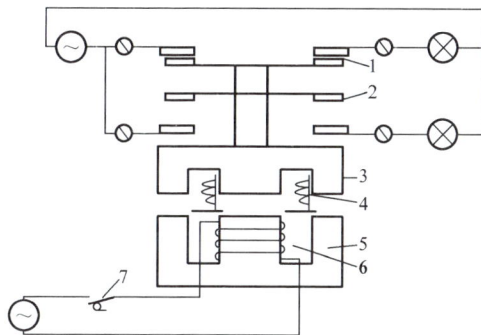

图 5-29　交流接触器的工作原理

1—静触点；2—动触点；3—衔铁；4—反作用力弹簧；5—铁芯；6—线圈；7—按钮

答：交流接触器的工作原理：当按下按钮 7，接触器的线圈 6 得电后，线圈中流过的电流产生磁场，使铁芯产生足够的吸力，克服弹簧的反作用力，将衔铁吸合，通过传动机构带动主触点和轴助动合触点闭合，轴助动断触点断开。（3 分）

当松开按钮，线圈失电，衔铁在反作用力弹簧 4 的作用下返回，带动各触点恢复到原来状态。（2 分）

20. 根据图 5-30 简述热继电器的工作原理。（5 分）

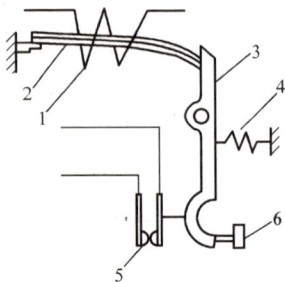

图 5-30 热继电器的工作原理

1—发热元件；2—双金属片；3—扣板；4—弹簧；5—辅助动断触点；6—复位按钮

答：热继电器的工作原理：发热元件 1 是一段电阻不大的电阻丝，它缠绕在双金属片 2 上。双金属片由两片膨胀系数不同的金属片叠加在一起制成。（1 分）

如果发热元件中通过的电流不超过电动机的额定电流，其发热量较小，双金属片变形不大；当电动机过载，流过发热元件的电流超过额定值时发热量较大，为双金属片加温，使双金属片变形上翘。（1 分）

若电动机持续过载，经过一段时间之后，双金属片自由端超出扣板 3，扣板会在弹簧 4 的拉力作用下发生角位移，带动辅助动断触点 5 断开。（1 分）

在使用时，热继电器的辅助动断触点串接在控制电路中，当它断开时，使接触器线圈断电，电动机停止运行。经过一段时间之后，双金属片逐渐冷却，恢复原状。这时，按下复位按钮，使双金属片自由端重新抵住扣板，辅助动断触点又重新闭合，接通控制电路，电动机又可重新启动。热继电器有热惯性，不能用于短路保护。（2 分）

21. 请以箭头的方式绘出图 5-31 万用表测量电阻和交流电压的位置。（5 分）

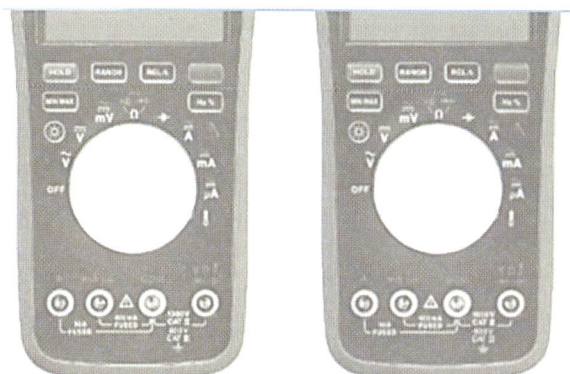

（a）测量电阻 　　　　　　（b）测量交流电压

图 5-31　题 21 图

答：如图 5-32 所示。

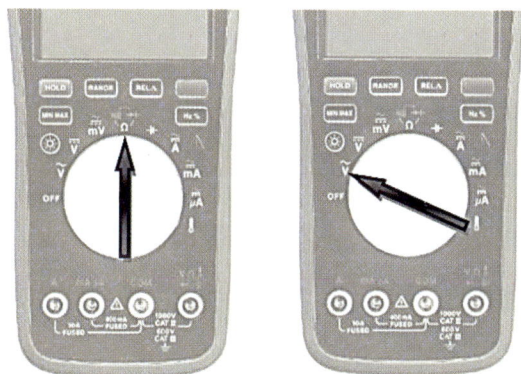

（a）电阻挡位 　　　　　　（b）交流电压挡位

图 5-32　题 21 答案

22. 请分别写出图 5-33 所示三个工具的名称。（5 分）

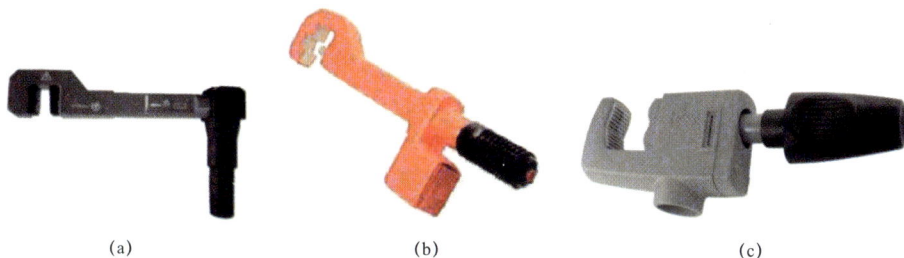

（a）　　　　　　　　（b）　　　　　　　　（c）

图 5-33　母排汇流夹钳

答：（a）插拔式母排汇流夹钳；（2分）

（b）螺栓压接式母排汇流夹钳；（2分）

（c）小电流母排汇流夹钳。（1分）

23. 请将下图 5－34 移动式旁路配电箱的实际应用情况进行连线。（5分）

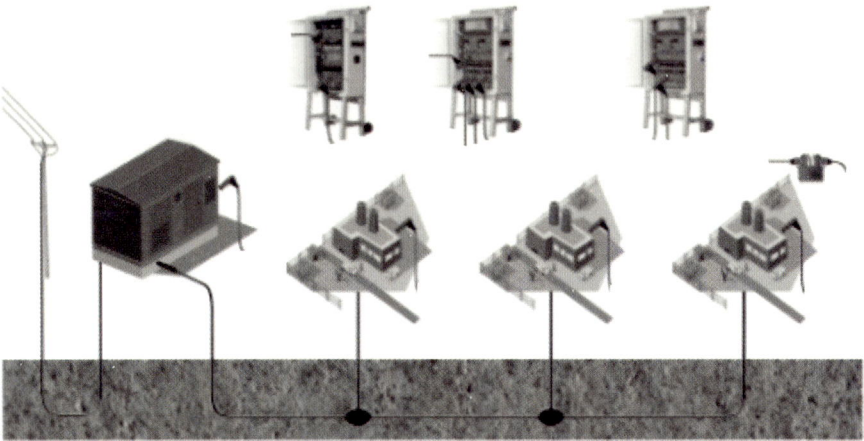

图 5－34　移动式旁路配电箱应用连线

答：如图 5－35 所示。

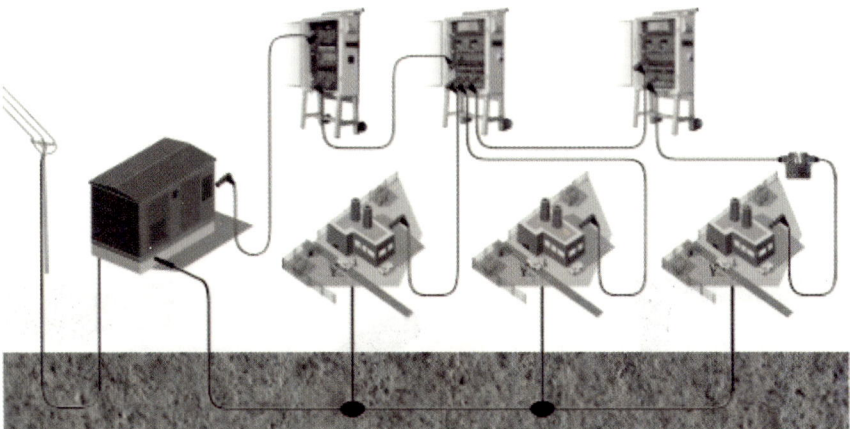

图 5－35　移动式旁路配电箱的实际应用连线

24. 请分别写出图 5-36 移动箱式变压器车四部分的名称。（5 分）

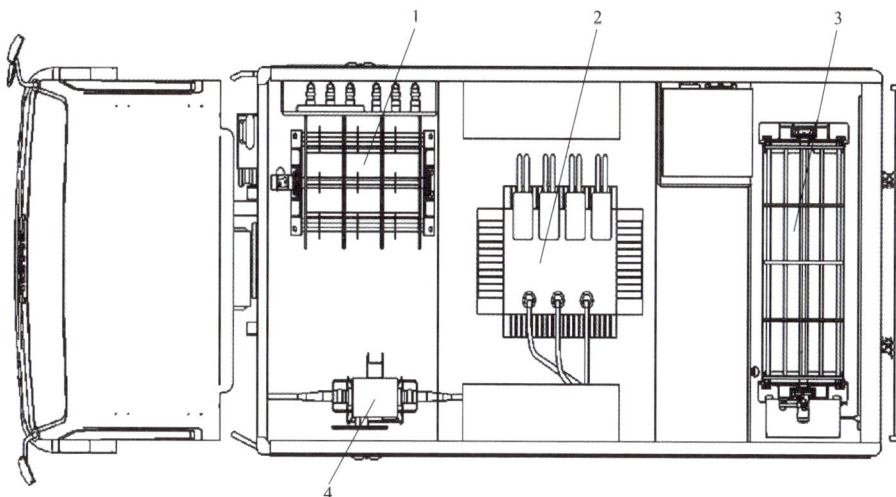

图 5-36　移动箱式变压器车

答：1—低压输出装置；（1 分）

2—变压器；（1 分）

3—旁路电缆输放装置；（2 分）

4—旁路负荷开关。（1 分）

25. 将图 5-37 中各种颜色的电线与名称对应连接。（5 分）

图 5-37　电线的颜色与名称

答：如图 5-38 所示。每正确一个得 1 分。

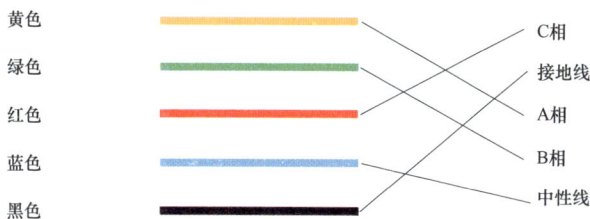

图 5-38　电线的颜色与名称

26. 请以绘图的方式表示图 5-39 如何检测环网或双电源电力网闭环点断路器两侧电源是否同相？（5 分）

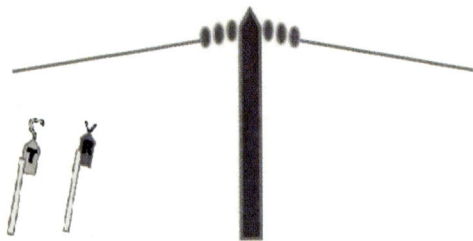

图 5-39　检测环网或双电源电力网闭环点断路器两侧核相

答：如图 5-40 所示。

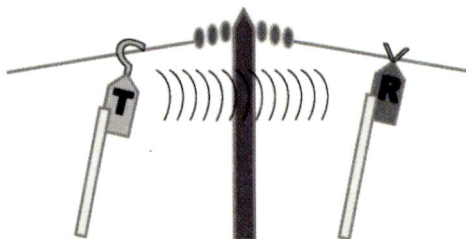

图 5-40　检测环网或双电源电力网闭环点断路器两侧核相

27. 请写出图 5-41 中所使用的工具名称，并判断正确和错误握法。（5 分）

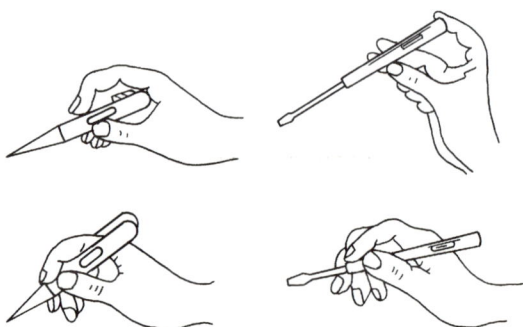

图 5-41　工具的使用

答：低压验电笔。

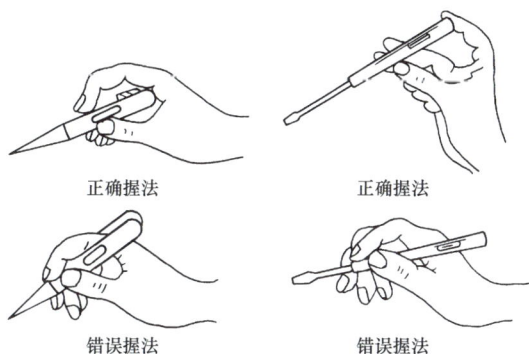

图 5-42 低压验电笔使用方法

28. 请说出图 5-43 中所示工具。（5 分）

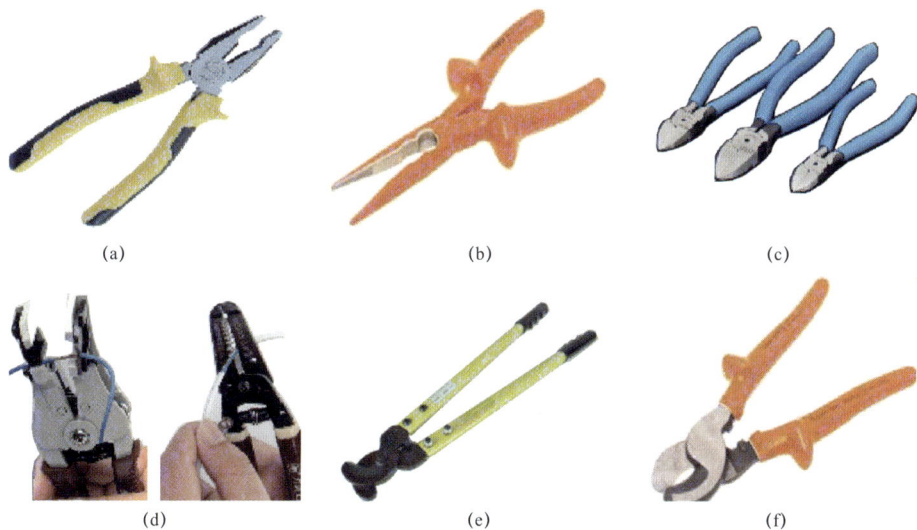

（a）

（b）

（c）

（d）

（e）

（f）

图 5-43 工具

答：（a）钢丝钳（1 分）；（b）尖嘴钳（1 分）；（c）斜口钳（1 分）；（d）剥皮钳（1 分）；（e）断线钳 1（0.5 分）；（f）断线钳 2（0.5 分）。

29. 请分别写出图 5-44 中旁路低压柜 4 部分的名称。（5 分）

答：1—可拆卸式绝缘防护罩；（1 分）

2—连接母排；（1 分）

3—控制成板总成；（2 分）

4—柜体连接固定装置。（1 分）

85

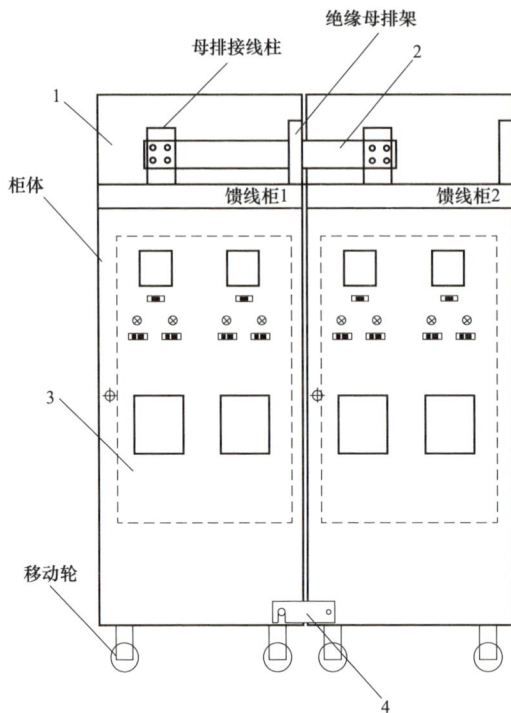

图 5-44 旁路低压柜

30. 请填写图 5-45 中各配电柜 P01～P06 的名称。（5 分）

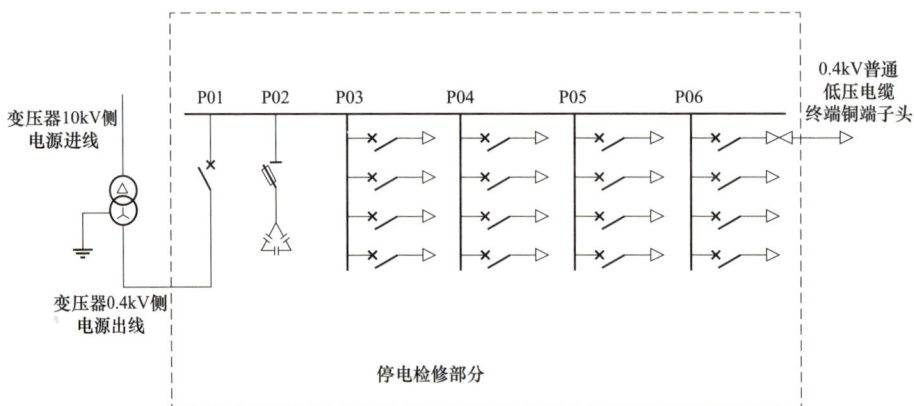

图 5-45 配电柜

答：如图 5−46 所示。每错一个扣 1 分。

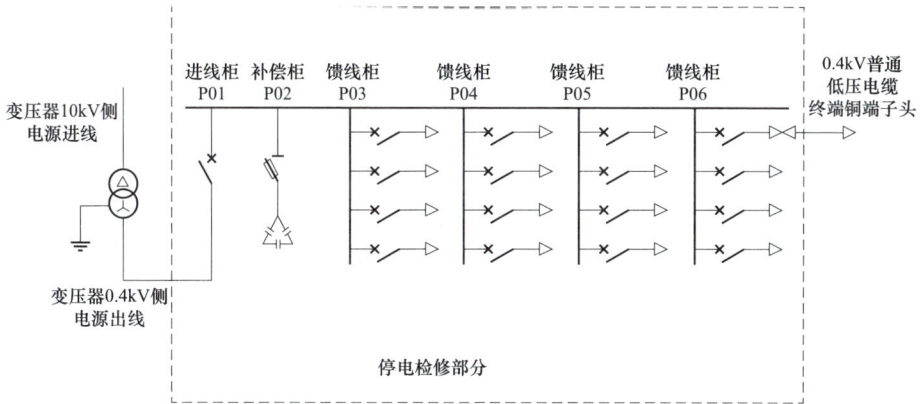

图 5−46　配电柜 P01~P06 的名称

六、计 算 题

1. 0.4kV 配电线路，长 L 为 1000m，截面积 S 为 95mm^2 铜线，电阻 R 为多少？（5 分）[答案保留两位小数（铜电阻率 r 为 20℃时 0.018 2Ω·m^2/m）]

解：$R = Lr/R = 1000 × 0.018 2/95 = 0.19$（Ω）（4 分）

答：线路电阻 R 为 0.19Ω。（1 分）

2. 单相电能表标有 10 000 刻度窗口显示 0，标有 1000 刻度窗口显示 2，标有 100 刻度窗口显示 0，标有 10 刻度窗口显示 2，标有 1 刻度窗口显示 4，电能表显示电量 Q 是多少？

解：$Q = 10\ 000 × 0 + 1000 × 2 + 100 × 0 + 10 × 2 + 1 × 4 = 2024$（kWh）（4 分）

答：电能表显示电量 Q 为 2024kWh。（1 分）

3. 0.4kV 系统中，三相三线电能表、三相四线制单相电能表额定电压 U_N 为多少？（5 分）（线电压 U_0 为 380V）

解：三相电能表 $U_N = U_0 = 380$（V）（2 分）

单相电能表 $U_N = U_0/1.732 = 220$（V）（2 分）

答：三相三线电能表、三相四线制单相电能表额定电压 U_N 分别为 380V 和 220V。（1 分）

4. 0.4kV 系统中，电流互感器额定电流比 k 为 200/5A，二次侧电流 I_2 为 3A，一次侧电流 I_1 多大？（5 分）

解：$I_1 = kI_2 = 200 × 3/5 = 120$（A）（4 分）

答：一次侧电流 I_1 为 120（A）。（1 分）

5. 0.4kV 系统中，电流互感器额定电流比 k 为 200/5A，一次侧电流 I_1 为 323A，额定二次电阻 R 为 1Ω，额定容量 S 为 30VA，互感器精度是否能保证？（5 分）

解：互感器实际容量 $S_j = (I_2)^2 R = \left(323 \times \dfrac{5}{200}\right)^2 \times 1 = 65.2$ （VA）（4分）

答：互感器实际容量超过额定容量，互感器不能保证精度。（1分）

6. 低压配电网不停电作业用绝缘鞋，使用电压等级380V，耐压试验要求为5kV/1min，泄漏电流 $I \leqslant 1.5\text{mA}$，绝缘电阻 R 要求多少？（5分）

解：$R = V/I = 5000/0.001\,5 = 3.3$（MΩ）（4分）

答：绝缘电阻 R 为3.3MΩ。（1分）

7. 采用旁路柔性电缆短接 1km 长配电线路时，配电线路等效电阻 R_1 为 0.19Ω，旁路柔性电缆电阻 R_2 为 0.15Ω，线路电流 I 为 320A，旁路电缆电流 I_2 多大？

解：$I_2 = I \times \dfrac{R_1}{R_1 + R_2} = 320 \times \dfrac{0.19}{0.19 + 0.15} = 178.82$（A）（4分）

答：旁路电缆电流 I_1 为178.82A。（1分）

8. 一电炉电阻 R 为 48.4Ω，接到电压 U 为 220V 交流电源上，使用时间 t 为 1h 时所消耗的电能 W 是多少？（5分）

解：$W = U^2/Rt = 220^2/48.4 \times 1 = 1000$（Wh）$= 1$（kWh）（4分）

答：该电炉 1h 耗电 1kWh。（1分）

9. 有一个额定电压 U_n 为 10V、额定功率 P_n 为 20W 的灯泡，要用在电压 U 为 220V 的交流电路中，应选多大的串联电阻 R？（5分）

解：串联电路的电流：$I = \dfrac{P_n}{U_n} = \dfrac{20}{10} = 2$（A）（1.5分）

需要分压的电压：$U_1 = U - U_n = 220 - 10 = 210$（V）（1.5分）

$R = \dfrac{U_1}{I} = \dfrac{210}{2} = 105$（Ω）（1分）

答：应选 R 为105Ω的串联电阻。（1分）

10. 对称三相感性负载，接于线电压 U_L 为 220V 的三相电源上，通过负载的线电流 I_L 为 20.8A、有功功率 P 为 5.5kW，求负荷的功率因数 $\cos\varphi$。（5分）

解：负荷的三相视在功率 $S = \sqrt{3}U_L I_L = \sqrt{3} \times 220 \times 20.8 = 7.926$（kVA）（2分）

$\cos\varphi = \dfrac{P}{S} = \dfrac{5.5}{7.926} = 0.694$（2分）

答：负荷的功率因数 $\cos\varphi$ 为 0.694。（1 分）

11. 有一条三相 380/220V 的对称电路，负荷是星形接线，线电流 I 是 5A，功率因数 $\cos\varphi$ 为 0.8，求负荷消耗的有功功率 P，并计算电路的无功功率 Q？（5 分）

解：$P = \sqrt{3}UI\cos\varphi = \sqrt{3}\times 380\times 5\times 0.8 = 2630$（W）$= 2.63$（kW）（2 分）

$Q = \sqrt{3}UI\sin\varphi = \sqrt{3}\times 380\times 5\times\sqrt{1-0.8^2} = 1975$（var）$= 2.63$（kvar）（2 分）

答：有功功率 P 为 2.63kW，无功功率 Q 为 1.98kvar。（1 分）

12. 某线路采用 LGJ－150/25 型钢芯铝绞线，在放线时受到损伤，损伤情况为铝股断 7 股，1 股损伤深度为直径的 1/2，导线结构为 $28\times 2.5/7\times 2.2$，应如何处理？（5 分）

解：规程规定，导线单股损伤深度超过直径的 1/2 时按断股论（2 分），因此该导线损伤情况为断 8 股，断股导线所占比例为：$\dfrac{8}{28}\times 100\% = 28.6\% > 25\%$。（2 分）

答：导线损伤已超过其导电部分的 25%，因此应剪断重接。（1 分）

13. 一台额定 250kVA 的移动箱式变压器车为小区供电，小区功率因数为 0.95，若考虑留有 20% 裕度，则单相可以提供多少 A 的低压电流？（5 分）

解：$I = \dfrac{0.8P}{\sqrt{3}U\cos\varphi} = \dfrac{0.8\times 250\,000}{\sqrt{3}\times 380\times 0.95} \approx 319.87$（A）（4 分）

答：单相可以提供 319.87A 的低压电流。（1 分）

14. 假设一台 1000kW 的应急发电车满负荷时的能量转换效率为 50%，400kW 时的能量转换效率为 40%，油箱满油可以满负荷工作 8h。那么，油箱满油的状态一直以 400kW 供电可以工作多长时间？（5 分）

解：设整箱燃油的热功率为 P，则按照 1000kW 功率输出时，$50\%P = 1000\times 8 = 8000$kW，$P = 16\,000$kW；（2 分）

按照 400kW 功率输出时，$40\%P = 400t$，则 $t = 0.4\times 16\,000/400 = 16$（h）。（2 分）

答：油箱满油的状态一直以 400kW 供电可以工作 16h。（1 分）

15. 假设一台折叠伸缩臂式斗臂车，上臂伸出最长后 12m，下臂长 8m，下臂转盘到地面的高度为 2m，转盘到支腿的横向距离为 3m，斗臂车下臂最多刚好可以起升到达 90°。作业点距最近支腿位置的水平距离为 7m，垂直高度为 15m，请问如果不考虑作业斗的角度和尺寸，此作业点是否在这台斗臂车的作业半径内？（5 分）

解：根据题意画图 6−1。

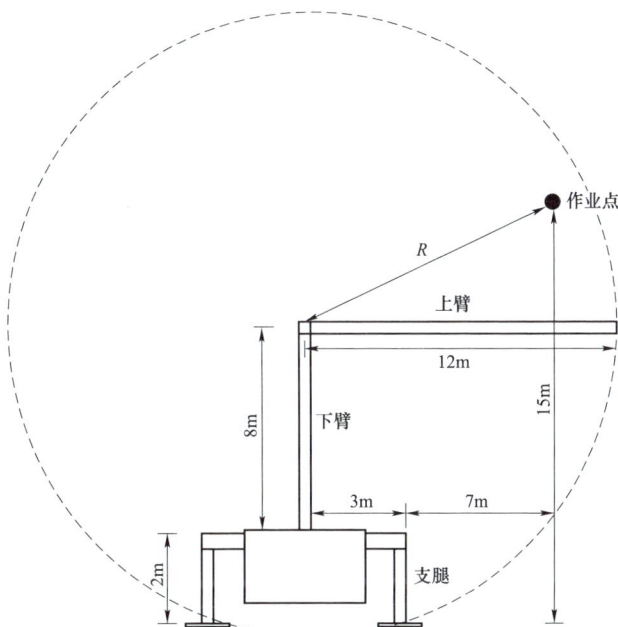

图 6−1

横向距离：7＋3＝10（m）；（1 分）

垂直距离：15−8−2＝5（m）；（1 分）

$R=\sqrt{5^2+10^2}\approx 11.18$（m）（1 分）＜12（m）（1 分）

答：此作业点在这台斗臂车的作业半径内。（1 分）

16. 已知低压应急发电车电缆额定电流为 200A，线路功率因数为 0.9，则应急发电车最高可提供多少功率？（5 分）

解：$P=\sqrt{3}UI\cos\varphi=1.732\times380\times200\times0.9=118\,468.8$（W）$\approx118.5$（kW）（4 分）

答：最高可提供 118.5kW。（1 分）

17. 用钳形电流表测某导线电流，已知电流较小，为保证读数准确，将被测

导线绕 5 圈后放入钳口进行测量，读数为 3.6A，则导线电流为多少？（5 分）

解：$I = 3.6 \div 5 = 0.72$（A）（4 分）

答：导线电流为 0.72A。（1 分）

18. 有一直流供电线路，电源端电压 230V，负荷功率为 12kW，电路长度为 185m，采用多股铜绞线，（$\rho_铜 = 0.0172\Omega\,\text{mm}^2/\text{m}$）。求负荷端电压不低于 220V 时，应选用多大截面积的铜导线？（5 分）

解：负荷电流 $I = 12\,000/230 = 52$（A）（1 分）

因为线路压降不得大于 10V，所以线路电阻 $R \leqslant 10/52 = 0.19\Omega$，取 0.1Ω。（1 分）

根据导线电阻 $R = \rho_铜 L/S$ 公式（1 分），导线截面积 $S = \rho_铜 L/R = 0.0172 \times 185/0.1 = 31.8$（mm²）。（1 分）

答：根据导线截面积规格选取截面积为 35mm² 的铜绞线。（1 分）

19. 某小区由一台 630kVA 的变压器供电，今带电班要在此台变压器采用旁路作业的方法带负荷更换低压开关和加装智能终端。根据其运行数据分析该台变压器平时最高负荷 50% 运行，该带电班低压旁路系统额定电流 600A，该旁路系统是否符合作业条件？（5 分）

解：变压器最高负荷：$S_{\max} = 630 \times 0.5 = 315$（kVA）（1 分）

低压出线电流：$I = \dfrac{S_{\max}}{\sqrt{3}U} = \dfrac{315}{\sqrt{3} \times 0.4} = 455.2$（A）（2 分）

455.2（A）＜600（A）（1 分）

答：该旁路系统符合作业条件。（1 分）

20. 如图 6-2 所示电路中：$R_1 = 12\Omega$、$R_2 = 30\Omega$、$R_3 = 20\Omega$，求总电阻。（5 分）

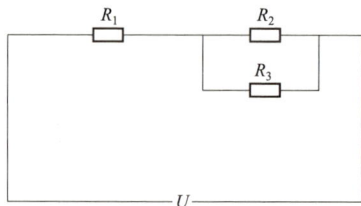

图 6-2 电路图

解：电路中的总电阻 $R = R_1 + \dfrac{R_1 R_2}{R_1 + R_2} = 12 + \dfrac{30 \times 20}{30 + 20} = 24$（Ω）（4分）

答：总电阻为24Ω。（1分）

21. 0.4kV 低压线路上采用旁路引流线处理线夹发热，负荷电流为400A。引流线截面积为185mm²，长3m，已知引流线导电材料铜的电阻率为 0.017×10^{-6} Ω·m，求作业 2h 内引流线消耗的电能。（5分）

解：该引流线电阻：$R = \dfrac{\rho l}{S} = \dfrac{0.017 \times 10^{-6} \times 3}{185 \times 10^{-6}} = 2.76 \times 10^{-4}$（Ω）（1分）

该引流线损耗功率：$P = I^2 R = 400^2 \times 2.76 \times 10^{-4} = 44.16$（W）（1分）

工作时间消耗的电能：$W = Pt = 44.16 \times 10^{-3} \times 2 = 0.09$（kWh）（2分）

答：作业 2h 内引流线消耗的电能为 0.09kWh。（1分）

22. 用压降比较法测量电缆外护层绝缘损坏点，电缆长225m，电压反映分别为15mV 和 25mV，问该损坏点距测量端多远？（5分）

解：$X = \dfrac{V_1}{V_1 + V_2} \times L = \dfrac{15}{15 + 25} \times 225 = 84.375$（m）（4分）

答：损坏点距测量端84.375m。（1分）

23. 设有一盘长250m，截面积50mm² 的单芯电缆，在30℃时测得的导体的直流电阻 0.093Ω，问该电缆所用铜材是否符合国家标准？（已知 20℃时，$\alpha = 0.003\,93$，标准铜的电阻率为 $\rho_{20} = 0.018\,4$ Ω·mm）（5分）

解：$\begin{cases} \rho_{30} = R_{30} \dfrac{S}{L} \\ \rho_{30} = \rho_{20}[1 + \alpha(30'' - 20'')] \end{cases}$（2分），得 $\rho_{20} = 0.017\,9$（Ω·mm）（1分）

标准铜的电阻率 $\rho_{20} = 0.018\,4$ Ω·mm，故该电缆所用铜材电阻率符合国家标准（1分）。

答：该电缆所用铜材符合国家标准。（1分）

24. 用交流充电法测量一条长1500m，截面积95mm² 的 XLPE 绝缘电缆的一相对屏蔽电容，电压50V、电流为5.65mA，求这条电缆每千米电容为多少？（5分）

解：$C = \dfrac{I_C}{2\pi f U} = \dfrac{5.65 \times 10^{-3}}{100 \times 3.14 \times 50} = 0.36 \times 10^{-6}$（F）$= 0.36$（μF）（3分），

$C_0 = 0.36 \div 1.5 = 0.24$（μF）（1分）

答：这条电缆每千米电容为 0.24μF。（1分）

25. 在负荷电流为 200A 的单相线路上，用旁路引流线短接熔断器作业，单相引流线截面积为 25mm^2，长 3m，已知引流线导电材料铜的电阻率为 $0.017 \times 10^{-6}\Omega \cdot m$，求作业 2h 内引流线消耗的电能。（5 分）

解：该线路电阻：$R = \dfrac{\rho l}{S} = \dfrac{0.017 \times 10^{-6} \times 3}{25 \times 10^{-6}} = 2.04 \times 10^{-3}$（$\Omega$）（2 分）

该单相线路损耗功率：$P = I^2 R = 200^2 \times 2.04 \times 10^{-3} = 81.6$（W）（1 分）

工作时间消耗的电能：$W = Pt = 81.6 \times 2 = 163.2$（W）$= 0.163\,2$（kWh）（1 分）

答：作业 2h 内引流线消耗的电能为 0.163 2kWh。（1 分）

26. 用一只内阻为 1000Ω，量程为 15V 的电压表来测量 60V 的电压，试问必须串接多少欧的电阻？（5 分）

解：串联电阻上的电压：$U_R = U - U_0 = 60 - 15 = 45$（V）（2 分）

串联电阻通过的电流：$I = U_0 / R_0 = 15 \div 1000 = 1.5 \times 10^{-2}$（A）（1 分）

则串联的电阻值为：$R = U_0 / I = \dfrac{45}{1.5 \times 10^{-2}} = 3000$（$\Omega$）（1 分）

答：必须串接 3000Ω 的电阻（1 分）。

27. 有一工频电路，额定电压 U_N 为 220V，电路的电阻 R 是 200Ω，电感 L 为 1.66H，试计算这个电路的功率因数 $\cos\varphi$ 及有功功率。（5 分）

解：感抗　$X_L = 2\pi f L = 314 \times 1.66 = 521$（$\Omega$）（1 分）

阻抗　$Z = \sqrt{R^2 + X_L^2} = \sqrt{200^2 + 521^2} = 558$（$\Omega$）（1 分）

功率因数　$\cos\varphi = R/Z = 220/558 = 0.36$（1 分）

有功功率　$P = \dfrac{U^2}{Z}\cos\varphi = 31.2$（W）（1 分）

答：此电路的功率因数为 0.36，有功功率为 31.2W。（1 分）

28. 开展一次 0.4kV 临时取电作业需要工作 4h，线路的功率因数为 0.9，负荷电流为 200A，计算该线路输送的有功功率，以及带电作业期间的多供电量？（5 分）

解：（1）该线路输送的有功功率

$P = \sqrt{3}UI\cos\varphi = \sqrt{3} \times 400 \times 200 \times 0.9 = 124.7$（kW）（2 分）

（2）带电作业的多供电量

$W = Pt = 124.7 \times 4 = 498.8$（kWh）（2 分）

答：该线路的有功功率为 124.7kW，带电作业期间多供电量为 498.8kWh。（1 分）

29. 低压旁路电缆的额定负荷电流为 200A，线路负荷电流为 180A，请问此条线路的电流情况是否满足低压旁路电缆进行负荷转移的要求？（5 分）

解：由于旁路电缆的额定荷有电流应大于线路最大负荷电流的 1.2 倍（1 分），

$I_{\max} = 180 \times 1.2 = 216$（A）$\geqslant 200$（A）（2 分）

所以需要额定负荷电流大于 216A 的旁路系统进行负荷转移（1 分）。

答：此条线路无法满足低压旁路电缆进行负荷转移的要求。（1 分）

30. 某小区户均负荷为 2000W，小区共有 200 户，功率因数为 0.85，负荷同时率为 0.9，试问若对该小区低压用户进行 0.4kV 临时电源供电作业，发电车容量应不低于多少？（车载发电机容量序列为：100、200、300、400、500、640、720、800、900、1000kW）（5 分）

解：总容量为 $P_{\Sigma} = 0.9Pn = 0.9 \times 2000 \times 200 = 3.6 \times 10^5$（W）$= 360$（kW）（3 分）

故最少需要 400kW 的发电车。（1 分）

答：车载发电机容量不小于 400kW。（1 分）

七、案例分析题

1. 事故概述【带电断分支线路引线，产生电弧】

××××年×月×日，对 0.4kV 某线 16 号杆带电断分支线路引线。工作负责人孙×带领 3 名工作班成员前往工作地点，确认待断分支线路所接设备已切除，在调度的许可后，现场宣读了工作票，然后命令工作班成员王×上车进行工作。王×在准备好工具后，就直接操作车辆进行工作。在断开引线时，引线产生电弧。后经检查是因先断开的引线为中性线。

试分析事故原因，并提出相应的预防措施。

答：**事故原因：**

（1）工作班成员王×在作业前未分清相线与中性线；（1分）

（2）工作班成员王×在作业中未按照"先相线，后中性线"的作业顺序；（1分）

（3）工作负责人孙×未履行工作负责人职责，未向工作班成员交代安全注意事项，未及时制止王×的不安全行为。（0.5分）

预防措施：

（1）在作业前应分清相线与中性线，用验电器或低压试电笔进行测试，必要时可用电压表进行测量。（1分）

（2）低压不停电作业应注意作业顺序，在带电断开线路时，应先断相线后断中性线。（1分）

（3）工作负责人应提高安全意识，加强责任心，针对此类事故举一反三，完善现场安全措施。（0.5分）

2. 事故概述【现场变更作业方式，作业过程缺失安全防护】

××××年×月×日，对 0.4kV 某线 22 号杆带电断分支线路引线。工作负责人华×带领 3 名工作班成员前往工作地点，发现现场作业空间狭小，无法采用绝缘斗臂车进行作业，临时决定采用登杆作业的方式。在调度的许可后，现场宣读了工作票，然后命令工作班成员汪×登杆进行工作。汪×认为绝缘鞋宽厚不利于登杆，于是未换上绝缘鞋便进行登杆。在作业过程中，汪×并未采取必要的相对地，相对相之间的绝缘遮蔽措施，在剪断引线时有电导线触碰电杆引起放电现象。

试分析事故原因，并提出相应的预防措施。

答：**事故原因：**

（1）作业前未切实执行好现场勘察的工作要求，导致临时变更作业方法。（1 分）

（2）工作班成员汪×安全意识淡薄，登杆过程不穿绝缘鞋，作业过程未对作业范围内的带电体和接地体进行绝缘遮蔽。（1 分）

（3）工作负责人华×未履行工作负责人职责，未向工作班成员交代安全注意事项，未及时制止王×的不安全行为。（0.5 分）

预防措施：

（1）0.4kV 作业环境复杂，工作票签发人或工作负责人在作业前应组织现场勘察并填写现场勘察记录。（1 分）

（2）不断提升安全意识，作业人员应正确穿戴个人绝缘防护用具。作业过程中按照"从近到远、从下到上"的遮蔽原则对作业范围内不能满足安全距离的带电体和接地体设置绝缘遮蔽措施。（1 分）

（3）工作负责人应提高安全意识，加强责任心，针对此类事故举一反三，完善现场安全措施。（0.5 分）

3. 事故概述【旁路电缆超负荷发热严重，紧急断开后未放电接触，造成作业人员电伤】

××××年×月×日，采用旁路作业方式，进行某工厂低压开关更换工作。做完电缆试验后，工作负责人下令将旁路电缆接到旁路开关，并带电接入低压开关两侧，接好后，工作负责人下令将旁路开关合闸。在后续的带电更换低压开关过程中，旁路开关的电缆接头处出现过载发热冒烟现象，并有烧焦气味发出。工作负责人紧急命令作业人员断开旁路开关，并将电缆从线路上撤下。冷却后，工作负责人将电缆接头拆下，用手擦拭接头检查时造成放电击伤。

试分析事故原因，并提出预防措施。（5分）

答：**事故原因：**

（1）在合旁路开关前，未对线路进行测流工作，导致实际电流超过电缆额定电流，出现电缆接头发热烧灼。（1分）

（2）工作负责人未对电缆逐相充分放电就徒手接触电缆头造成了触电。（1分）

预防措施：

（1）旁路作业应严格按照旁路标准操作流程进行操作。（1分）

（2）电缆在试验和使用后要进行逐相充分放电才能接触。（1分）

（3）工作负责人应提高安全意识，加强责任心，针对此类事故举一反三，完善现场安全措施。（1分）

4. 事故概述【无票作业更换低压杆塔拉线，造成作业人员电伤】

××××年×月×日，采用带电作业方式，进行某杆塔带电更换拉线工作。工作负责人在没有办理工作票的情况下，组织两名工作班成员未戴绝缘手套登杆作业，作业前使用更换拉线专用绝缘隔板进行绝缘隔离，随后两名杆上人员即更换拉线，更换过程中，由于杆上人员双臂活动范围过大，碰到绝缘隔板导致绝缘隔板脱落，因此杆上人员触电，导致两名杆上人员出现不同程度的电伤。

试分析事故原因，并提出预防措施。（5分）

答：

（1）本项工作属于无票作业，违反《国家电网公司电力安全工作规程（配电部分）（试行）》3.1.2"工作票制度"、3.3.5"填用低压工作票的工作。低压配电工作，不需要将高压线路、设备停电或做安全措施者"的规定。（2分）

（2）作业人员未戴绝缘手套进行带电作业，违反《国家电网公司电力安全工作规程（配电部分）（试行）》9.2.6"带电作业过程中，禁止摘下绝缘防护用具"的规定；（1分）

（3）工作负责人（监护人员）监护不到位，未制止作业人员违章，违反《国家电网公司电力安全工作规程（配电部分）（试行）》3.3.12.2（5）"监督工作班成员遵守本规程、正确使用劳动防护用品和安全工器具以及执行现场安全措施"的规定。（1分）

（4）作业人员在杆上即更换拉线，违反《安规》6.3.14 "杆上有人时，禁止拆除或调整拉线" 的规定。（1分）

5. 事故概述【绝缘斗臂车在工作中突然停止工作，导致工作人员滞留在空中，不能返回地面】

××××年×月×日，对 0.4kV 某线路 7 号杆带电处理线夹发热。工作负责人杨×带领 4 名工作班成员前往现场，在和运维管理单位联系获得许可后，现场宣读了工作票，然后命令工作班成员张×和李×上车进行工作。张×在准备好工具后，就与李×直接操作车辆进行工作。在做 A 相导线遮蔽时，绝缘斗臂车突然停止工作，致使张×和李×滞留在空中，无法返回地面。后经检查是因绝缘臂转动位置达到了设计极限，安全机构将车辆的工作臂锁死，需解锁后方可继续操作。

试分析事故原因，并提出相应的预防措施。（5分）

答：**事故原因：**

（1）工作班成员张×在作业前未进行车辆空斗试验，直接操作车辆进行工作，违反了绝缘斗臂车的操作规程。（1分）

（2）工作班成员在对车辆车况不了解，盲目使用。（1分）

（3）工作负责人杨×未履行工作负责人职责，未向工作班成员交代车辆的使用注意事项。（0.5分）

预防措施：

（1）严格按照绝缘斗臂车的使用操作规程的要求进行操作。（1分）

（2）作业前对车辆进行培训，熟悉操作要领及注意事项。（1分）

（3）工作负责人应提高安全意识，加强责任心，针对此类事故举一反三，完善现场安全措施。（0.5分）

6. 事故简述【带电更换 0.4kV 直线杆起吊电杆钢丝绳断裂造成倒杆】

某供电公司带电班工作负责人沈×带领班组成员 4 人对某线 8 号杆带电更换电杆，导线水平排列。吊车起吊电杆离地 50cm 时，起吊电杆的钢丝绳突然断裂，造成倒杆，所幸倒杆位置附近无人，未造成人员伤亡。事后发现钢丝绳锈蚀严重。

试分析事故原因，并提出相应的预防措施。（5分）

答：**事故原因：**

（1）使用未经检查合格的工器具，是造成本次事故的主要原因。（1分）

（2）工作负责人沈×组织施工前未组织工器具的检查，且对不合格工器具视而不见，是造成事故的主要原因，应负主要责任。（1分）

（3）钢丝绳锈蚀严重说明性能受到影响。因此，可能作业工器具的规范存放存在漏洞，带电作业管理制度不严格。（0.5分）

预防措施：

（1）钢丝绳应定期浸油，遇有磨损或腐蚀达到原来钢丝直径的 40%以上应予报废。（1分）

（2）带电作业前工器具必须检查合格，不合格者禁止使用。（1分）

（3）落实带电作业库房管理制度，严禁不合格工器具进入库房。（0.5分）

7. 事故简述【带电作业人员带负荷断 0.4kV 分支引线造成相间短路】

××××年×月×日，某供电公司带电工作负责人孙×，带领工作班成员工作任务是带电断×号杆分支引线。接到许可命令，孙×指挥带电作业车停靠后，通知李×和王×进行作业，当李×解开分支引线时发生严重的拉弧，李×随之丢弃引线，造成相间短路。事后发现用户负荷开关未拉开，造成带负荷断引线。

试分析事故原因，并提出相应的预防措施。（5分）

答：**事故原因：**

（1）违反作业前认真勘察现场的规定。工作负责人没有认真勘察现场，是造成事故的主要原因。（1分）

（2）违反《安规》中带电断接引线时，应确认作业线路所有负荷已断开，严禁带负荷断接引线的规定。（1分）

（3）违反《安规》中带电断、接空载线路时，应确认线路的另一端断路器（开关）和隔离开关（刀闸）确已断开，接入线路侧的变压器、电压互感器确已退出运行后，方可进行的规定。（0.5分）

预防措施：

（1）作业前认真勘察现场，对作业线路所有挂接负荷情况进行详细的勘查。（1分）

（2）工作负责人是现场的第一责任人，以加强工作负责人的培训，提高工作负责人的安全意识、技术水平和组织领导能力，选用安全意识高、责任心强的人员作为工作负责人。（1分）

（3）断引线时应使用检流计检测电流，并采取相应的消弧措施。（0.5分）

8. 事故简述【带电清除鸟窝绝缘遮蔽不足造成相间短路】

某供电公司带电班工作负责人谷×，带领张、李二人进行 0.4kV 某线 8 号杆分支线路带电消缺作业（清除鸟窝）。鸟窝在导线上方，到达作业位置后，张×使用绝缘操作棒将鸟窝捣散，散落的鸟窝中的金属丝搭在两相导线之间，造成相间短路。

试分析事故原因，并提出相应的预防措施。（5 分）

答：**事故原因：**

（1）未进行可靠的绝缘遮蔽措施，散落的金属丝搭在两相之间造成相间短路，是事故主要原因。（1 分）

（2）作业人员经验不足，对鸟窝的材料组成没能正确认识。（1 分）

（3）工作负责人监护不力，对于本次事故的违章行为不加制止。（0.5 分）

预防措施：

（1）清除鸟窝时，要注意下方是否有可能造成两相短路或者单相接地的导线，如果有要做好绝缘遮蔽后方可开始工作，以免鸟窝中可能存在的金属造成短路或者接地。（1 分）

（2）工作负责人应由具备丰富实践经验的带电作业人员担任，且对作业过程中可能发生的问题有一定的预见性并具有相当的异常情况处理能力。（1 分）

（3）加强带电作业人员的管理以及培训，加强业务知识培训，消除麻痹大意的思想。（0.5 分）

9. 事故概述【违章作业，导致工作人员烧伤】

2012 年 5 月 16 日上午 9 时 15 分，××供电公司李××接到电话通知，带领工作人员张××处理朝阳小区箱式变电站故障，到达现场后，李××认为朝一路已停电，指挥张××打开箱式变电站的变压器设备前开始检查，9 时 45 分听到张××"啊"的一声倒在了箱式变电站的变压器前，检查发现张×× Ⅲ 度烧伤。

试分析该起事件中违反《国家电网公司电力安全工作规程（配电部分）（试行）》的行为。（5 分）

答：（1）李××在未确认设备确已停电的情况下，盲目指挥工作；张××未确认线路是否停电，未完成箱式变电站的停电、验电、接地的安全措施即进入箱式变电站开始工作，违反《国家电网公司电力安全工作规程（配电部分）（试行）》7.2.1"箱式变电站停电工作前，应断开所有可能送电到箱式变电站的线路的断路器（开关）、负荷开关、隔离开关（刀闸）和熔断器，验电、接地后，方可进行箱式变电站的高压设备工作"的规定。（2.5 分）

（2）朝阳小区箱式变电站故障处理工作，属无票作业，违反《国家电网公司电力安全工作规程（配电部分）（试行）》3.3.6"填用配电故障紧急抢修单的工作。配电线路、设备故障紧急处理应填用工作票或配电故障紧急抢修单"的规定。（2.5 分）

10. 事故概述【串入电路，触电死亡】

××供电公司配电工区在某 10kV 某线 15 号杆上进行分支线接引线工作（采用绝缘操作杆作业法）该杆是高、低压共杆双回路线路，上层为 10kV 配电线，下层为已停用的 380V 低压线。当时在杆上的作业人员共 3 人，分工如下：甲蹲在低压横担上，用缠线器在带电的高压线上缠绕分支线引流与主线的绑线；乙站在低压横担上观看缠绕绑线质量；丙站在较低的杆塔处传递工具，但其胸部夹已停电的低压线中间。乙在作业过程中，因为没有站稳，身体一晃，使用一只手触到带电导线上，一只脚踩在下面的低压线上，导致低压线带电，丙因胸部夹在两根线中间，触电死亡。

试分析事故原因并提出防范措施。（5 分）

答：**事故原因：**

传递工具人没有站在地面进行工具传递，反而站在杆塔较低处，并将前胸在已停电的两相低压线之间，由于已触碰带电线路，脚踩到低压线，使丙的胸部触电致死，是发生事故的主要原因。（1 分）

预防措施：

带电作业的工具传递必须遵循以下几点：

（1）带电作业工具传递一律使用绝缘绳。滑车及滑车绳套亦应是绝缘的。（1 分）

（2）传送绳的安装应满足安全距离的要求，设备间距小，传递通道窄的地方，应采取地面设地锚滑车的绝缘绳方法传递。（1 分）

（3）小型工具应装入工具袋内传递。尺寸较长的非绝缘部件，应用绑扎绳在无极绳上捆扎两点，沿无极绳方向传递。（0.5 分）

（4）较长的金属导线，应尽可能盘成体积较小的线盘或放在工具袋内传递。（0.5 分）

（5）穿越多层有电线路传递不能折叠金属导体，应增设 2～3 条控制其位置的绝缘拉绳，在专人指挥下传递。（0.5 分）

（6）工具传递人员应站在地面上，不允许将身体靠近其他线路上。（0.5 分）

11. 事故概述【违章作业，导致工作人员死亡】

2004 年 7 月 21 日，某供电所王××、袁××为一用户改线并装电能表。两人未办理工作票即赶到现场，王××负责拆旧和送电，袁××负责安装电能表，两人分头开始工作。王××（身穿短袖上衣和七分裤，脚穿拖鞋）站在铁管焊制的梯子约 1.8m 处拆旧和接线，在用带绝缘手柄的钳子剥开相线（火线）的线皮时，左手不慎碰到带电的导线上，触电后扑在梯子上，经抢救无效死亡。

试分析该起事件中违反《国家电网公司电力安全工作规程（配电部分）（试行）》的行为。（5 分）

答：（1）王××未按要求着装。违反《国家电网公司电力安全工作规程（配电部分）（试行）》2.1.6 "进入作业现场应正确佩戴安全帽，现场作业人员还应穿全棉长袖工作服、绝缘鞋"的规定。（1 分）

（2）袁××、王××都为单人工作，无人监护，违反《国家电网公司电力安全工作规程（配电部分）（试行）》8.2.1 "带电断、接低压导线应有人监护"的规定。（1 分）

（3）低压带电工作，无相关安全措施。违反《国家电网公司电力安全工作规程（配电部分）（试行）》8.1.1 "低压电气带电工作应戴手套、护目镜，并保持对地绝缘"的规定。（1 分）

（4）属无票作业，违反《国家电网公司电力安全工作规程（配电部分）（试行）》3.3.5 "填用低压工作票的工作。低压配电工作，不需要将高压线路、设备停电或做安全措施者"的规定。（2 分）

12. 事故概述【现场安全措施落实不到位，导致工作人员烧伤】

某电业局配电工区在 10kV 某线 9 号杆上进行柱上断路器引线接头发热问题处理，工作负责人甲指挥工作班成员乙操作绝缘斗臂车，使用绝缘引流线旁路柱上断路器，当乙将引流线一端连接到线路上，正要将引流线的另一端连接到线路上时，断路器突然跳闸，引流线和导线之间燃起电弧，将乙烧伤。

试分析事故原因，并提出相应的预防措施。（5 分）

答：**事故原因：**

（1）工作负责人对带电作业经验不丰富，现场安全措施落实不到位。（1分）

（2）没有将断路器跳闸机构闭锁，是引起事故的直接原因。（1分）

（3）现场勘查不到位，没有确认现场设备状态。（0.5分）

预防措施：

（1）若安装或检修的是有脱扣的柱上断路器，必须锁定跳闸机构。（1分）

（2）安装绝缘引流线也应采取一定的消弧措施。（1分）

（3）现场作业人员应相互关心，作业前认真学习相关资料，对危险点制订出相应的措施。（0.5分）

13. 事故概述【低压临时取电作业未使用绝缘挡板，造成相间短路事故】

××××年×月×日，对 0.4kV 某台区实施低压临时取电作业。工作负责人李××带领王××、刘××进行旁路电缆与配电箱负荷开关下桩头连接的工作。此配电柜共有 4 路出线，除待连接的负荷开关下桩头外，其他 3 组开关上下口都有电。到达现场后，工作负责人李××发现忘记携带绝缘挡板，但为了不影响后续工作，与王××、刘××商量后决定继续冒险作业。李××在现场宣读了工作票后，命令工作班成员王××、刘××穿着全套个人防弧用具开始工作。在工作过程中，王××手中的螺栓不慎短接旁边负荷开关下桩头，造成相间短路瞬间产生弧光将负荷开关烧毁，王××、刘××由于穿着相应防护等级的全套个人防弧用具没有受到伤害。

试分析事故原因，并提出相应的预防措施。（5分）

答：**事故原因：**

（1）工作负责人李××未履行工作负责人职责，未按照工作票上的安全措施组织施工，未正确执行现场安全措施，发现未带绝缘挡板仍然继续工作。（1分）

（2）工作班成员王××在未安装绝缘挡板的情况下冒险作业，未正确执行现场安全措施。（1分）

（3）工作班成员刘××未及时制止王××的不安全行为。（0.5分）

预防措施：

（1）工作负责人应正确组织工作，组织执行工作票上所列的安全措施，及时纠正作业人员的不安全行为。（1分）

（2）工作班成员应了解工作中的危险点，正确执行安全措施，对自己

的行为负责，互相关心工作安全，有权拒绝工作负责人的强令冒险作业。（1分）

（3）工作负责人应提高安全意识，加强责任心，针对此类事故"举一反三"，完善现场安全措施。（0.5分）

14. 事故概述【低压开关操作未戴防电弧手套，造成工作人员手部被电弧灼伤】

××××年×月×日，对0.4kV某台区实施低压临时取电作业。在工作负责人李××的监护下，刘××进行临时供电的最后一步，合上低压出线使发电车对低压箱供电。此时，刘××存在侥幸心理，并未按要求配戴防弧手套，工作负责人李××对此行为也没有进行制止。当低压开关合上的一瞬间，由于低压开关老旧，内部老化，产生弧光并瞬间将刘××手部烧伤。

试分析事故原因，并提出相应的预防措施。（5分）

答：**事故原因：**

（1）工作负责人李××未履行工作负责人职责，未按照工作票上的安全措施组织施工，未正确执行现场安全措施，未对刘××的不安全行为进行制止。（1分）

（2）工作班成员刘××在未配戴防弧手套的情况下冒险操作低压开关，未正确执行现场安全措施。（1分）

（3）工作负责人李××、工作班成员刘××的行为属于习惯性违章，安全意识淡薄。（0.5分）

预防措施：

（1）工作负责人应正确组织工作，组织执行工作票上所列的安全措施，及时纠正作业人员的不安全行为。（1分）

（2）工作班成员应了解工作中的危险点，正确执行安全措施，正确使用安全防护用具，对自己的行为负责。（1分）

（3）应组织开展安全教育，提高安全意识，并针对此类事故举一反三，防止此类事故再次发生。（0.5分）

15. 事故概述【低压架空线路取电作业时未检查杆根埋深，电杆倾倒】

××××年×月×日，0.4kV低压架空线路取电作业时对某台区低压箱供电。工作负责人李××，斗内电工王××进行低压旁路电缆与低压架空线路连接的工作。工作班到达现场后，由于时间紧迫，李××未仔细进行现场勘察即下令开始工作，未发现待取电电杆埋深不足缺陷，王××在对安全带进行拉力试验时发现杆根埋深不足问题，但认为影响不大并未告知李××。当斗内电工王××将第三根旁路电缆固定在电缆固定支架上时，由于电杆受力增大，突然发生倾倒，造成低压线路三相短路，所幸此事故并未造成人员伤亡。

试分析事故原因，并提出相应的预防措施。（5分）

答：事故原因：

（1）工作负责人李××未履行工作负责人职责，未履行现场勘察制度。（1分）

（2）工作班成员王××在发现缺陷后，未及时告知工作负责人李××。（1分）

（3）工作负责人李××、工作班成员王××安全意识淡薄。（0.5分）

预防措施：

（1）工作负责人应正确组织工作，履行现场勘查制度，并根据现场勘察内容制订工作票的安全措施。（1分）

（2）工作班成员在工作中应及时与工作负责人沟通，对自己的行为负责，有权拒绝工作负责人的强令冒险作业。（1分）

（3）工作负责人应提高安全意识，加强责任心，针对此类事故"举一反三"，完善现场安全措施。（0.5分）

16. 事故概述【低压临时取电作业电缆走向牌与实际不符，未验电装设地线造成带电接地事故】

××××年×月×日，对0.4kV某台区实施低压临时取电作业。临时接入配电箱为四出线，其中一路来自电源侧，另一路为联络，剩余两路对低压负荷供电。工作负责人李××带领王××、刘××进行联络电缆拆除搭接旁路电缆工作。由于工作前现场勘察不到位，未发现电缆走向牌错误的问题，工作时误将电源侧有电电缆当做联络无电电缆拆下，拆除后，刘××未对旁路电缆进线验电，直接装设地线，造成低压电缆带电接地，发生单相接地事故。

试分析事故原因，并提出相应的预防措施。（5分）

答：事故原因：

（1）工作负责人李××未履行工作负责人职责，现场勘察不细，未发现电缆走向牌不正确的问题，未正确执行现场安全措施，未及时制止刘××未验电

就接地的错误行为。（1分）

（2）工作班成员刘××在未验电的情况下直接对电缆装设接地线，未正确执行现场安全措施。（1分）

（3）工作班成员王××未及时制止刘××的不安全行为。（0.5分）

预防措施：

（1）工作负责人应正确组织工作，认真组织现场勘察，组织执行工作票上所列的安全措施，及时纠正作业人员的不安全行为。（1分）

（2）工作班成员应明确工作内容及步骤，了解工作中的危险点，正确执行安全措施，互相关心工作安全，对自己的行为负责。（1分）

（3）工作负责人及工作班成员应提高安全意识，加强责任心，针对此类事故"举一反三"，完善现场安全措施。（0.5分）